露地越冬蔬菜
安全高效生产技术

邓晓辉　聂启军●主编

U0232784

长江出版传媒　湖北科学技术出版社

序 言
Preface

　　为提高科研院校农业科技成果转化率，提升农村农技推广服务能力，因应我国农业发展新常态，实现农业发展方式转变和供给侧结构调整，农业部办公厅、财政部办公厅先后联合印发《推动科研院校开展农技推广服务试点实施指导意见》和农财【2015】48号文《关于做好推动科研院校开展重大农技推广服务试点工作》的通知，选择10个省（直辖市）为试点省份，依托科研院校开展重大农技推广服务试点工作，支持发展"科研试验基地+区域示范基地+基础推广服务体系+农户"的链条式农技推广服务新模式，形成以主导产业为核心，技术创新为引领，通过技术示范、技术培训、信息传播等途径开展新型推广服务体系建设，使科学技术在农业产业落地生根、开花结果。

　　湖北是我国重要的农业大省，是全国粮油、水产和蔬菜生产大省，也是本次试点省之一，根据全省产业特点，我省选择水稻和园艺作物（蔬菜、柑橘）两个主导产业开始试点工作。湖北园艺产业(蔬菜、柑橘)区位优势和区域特色明显，已被列入全国蔬菜、柑橘生产优势产区，是湖北农民增收的重要产业。湖北省是蔬菜的适宜产区，十三大类560多个种类的蔬菜能四季生长，周年供应。2014年全省蔬菜（含菜、瓜、菌、芋）播种面积1890万亩左右，总产量4000万吨左右，蔬菜总产值1070亿元，对全省农民人均纯收入的贡献超过850元；全省柑橘栽培面积368万亩，产量437万吨，产值近百亿元。

　　湖北省园艺产业重大农技推广服务试点项目围绕我省有区域特色的高山蔬菜、水生蔬菜、露地越冬蔬菜、食用菌、柑橘等，集成应用名优蔬菜新品种50个，成熟实用的产业技术50项，组建8个园艺作物（蔬菜、柑橘）安全生产技术服务体系。本系列丛书正是以示范推广的100余项新品种、新技术、新模式为基础，编写的《湖北省园艺产业农技推广实用技术》丛书，全书图文并茂，言简意赅，技术内容针对性、实用性较强，值得广大农民朋友、生产干部、农技推广服务工作者借鉴与参考，也是我省依托科技实现园艺产业精准扶贫的好读本。

湖北省农业科学院党委书记
湖北省农业厅党组成员

刘晓洪

2015年9月

目 录
Contents

五、 藜蒿安全高效栽培技术

一、萝卜安全高效生产技术

（一）萝卜栽培的生物学基础

1.萝卜由来和产业特点

（1）萝卜的起源及分类。萝卜（Raphanus sativus L.）别名莱菔、芦菔，能形成肥大肉质根的二年生草本植物，是世界上古老的栽培作物之一，目前世界各地都有种植，欧、美洲国家以小型萝卜为主，亚洲国家以大型萝卜为主，尤以中国、日本栽培普遍。萝卜营养丰富，可生食、炒食、腌渍、干制。每100克新鲜产品含水分87～95克，糖1.5～6.4克，纤维素0.8～1.7克，维生素C 8.3～29.0毫克，种子里脂肪含量39%～50%。因含淀粉酶，生食可助消化；萝卜含芥辣油，具特有的辣味。肉质根和种子含莱菔子素，为杀菌物质，有祛痰、止泻、利尿等功效。

萝卜原产我国，栽培历史悠久，我国普遍栽培，是受欢迎的大众化蔬菜，也是重要的大众化保健食品。2000年前解释词义的专著《尔雅》称萝卜为芦菔。晋郭璞注为"紫华，大根，俗呼雹突"。北魏贾思勰著《齐民要术》中已有萝卜栽培方法的记载。唐代苏恭著《本草》中谈到"莱菔"有"消谷，去痰癖，肥健人"的

药用价值。宋代苏颂著《本草图经》中提到莱菔"南北皆通有之""北土种之尤多"，说明早在2000年前中国各地已普遍栽培。也有人认为萝卜的原始种最早起源于欧、亚温暖海岸的野萝卜。

我国萝卜根据地理和气候条件，可以把萝卜分成华南萝卜生态型、华中（长江流域）萝卜生态型、北方萝卜生态型和西部高原萝卜生态型。①华南萝卜生态型：主要分布在南方亚热带和热带地区，我国从日本引进的大部分品种也属于这一生态群。该类型大部分品种的肉质根为长圆筒形，皮和肉均为白色，少数品种肩部微带绿色，如下页图1。肉质根水分含量较多，比较耐热，在阴雨较多，温度较高的条件下能很好地生长。由于华南萝卜不耐低温，在较高的温度下即可通过春化阶段，因此该类型萝卜引入北方后容易发生早抽薹或生长不良。②华中萝卜生态型：主要分布在长江流域。该类型大部分品种也是白皮白肉，少数品种是红皮白肉。在温湿度较高的条件下生长良

好，但也能在当地露地越冬，所以通过春化阶段的温度比华南生态型略低。③北方萝卜生态型：分布于黄淮流域以北的华北、西北和东北的广大地区。该类型品种以长圆筒形青皮萝卜为主，其次是红皮和白皮，还有少数是紫皮。这一类型萝卜均比较耐寒、耐旱，而不耐热，通过春化阶段的温度也较上述两种类型低。④西部高原萝卜生态型：

品种较少，主要分布在青海、西藏和甘肃西部等高原地区。其特点是耐寒、耐旱，不易抽薹，肉质根较大。

我国萝卜根据栽培季节可分为4个类型。①秋冬萝卜类型：中国普遍栽培类型。夏末秋初播种，秋末冬初收获，生长期60～100天，代表品种有薛城长红、济南青圆脆、石家庄白萝卜、北京心里美和澄海白沙火

图1 白萝卜

图3 樱桃萝卜

图2 雪单1号

车头等。②冬春萝卜类型：中国长江以南及四川省等冬季不太寒冷的地区种植。耐寒、不易糠心。代表品种有成都春不老萝卜，杭州笕桥大红缨萝卜和澄海南畔洲萝卜等。③春萝卜类型：中国普遍种植。较耐寒，冬性较强，生长期较短，一般为45～60天，播种期或栽培管理不当易先期抽薹。代表品种有雪单1号（图2）、白玉春、天鸿春、玉山白雪、北京炮竹筒、蓬莱春萝卜、南京五月红。④夏萝卜类型：中国黄河流域以南栽培较多，常作夏、秋淡季的蔬菜。较耐湿、耐热，生长期40～70天。代表品种有杭州小钩白、广州蜡烛薹，武汉双红等。另外四季萝卜在中国有少量栽培，四季萝卜叶小，叶柄细，茸毛多，肉质根较小而极早熟，适于生食和腌渍。主要品种有南京扬花萝卜、上海小红萝卜、烟台红丁等。

我国萝卜根据皮色可分为红皮、青皮、白皮等不同的品种群，主要品种有：①红皮品种：如薛城长红、徐州大红袍、江农大红、扬州大头红及南京中秋红、宁红、湖北七叶红等。②青色品种：如胶州青萝卜、潍县青萝卜、北京心里美、南农大青萝卜、成都青头。③白皮品种：如浙大长萝卜、太湖晚长白萝卜、黄州萝卜、重庆草登萝卜、成都圆根、广州火车头萝卜、南畔洲萝卜、广东白玉萝卜等。

我国萝卜根据用途可以分为菜用型、加工型和水果型萝卜。①菜用型：几乎所有的萝卜品种都可做菜，各地都有符合自己消费习惯的当家品种。传统上北方以红色和绿色品种为多，南方以白色品种为多。但随着南菜北运、北菜南运和引进品种的增多，目前生产上以白色萝卜和小型红色萝卜栽培较多。②加工型：适合腌制、酱制和脱水

干制的。一般要求肉质根组织致密、皮薄、干物质含量高。主要是一些各地传统小型萝卜品种和引进品种，如湖北黄州萝卜、樱桃萝卜（图3）。③水果型：主要是一些传统优良品种，要求质地脆嫩多汁，味甜、不辣，代表品种如北京的心里美、天津的卫青萝卜、四川的团萝卜、山东的红心水萝卜、陕西的青丰冬萝卜等。

（2）萝卜产业特点。我国大部分地区适合萝卜栽培，萝卜产业规模很大，播种面积已达122万公顷，年产量达4003万吨，产量占全年蔬菜总产量的9.5%，产品主要供应国内市场，在我国蔬菜中产量和种植面积均居第二位，仅次于大白菜；而且，萝卜产业初步形成了产销加工增值链条，建立了对日韩和东南亚出口的稳定外销市场渠道，为广大农民增加了就业机会与收入，如萝卜清洗加工（图4）。因此，萝卜在我国人民的日常生活中起着重要的作用。

产业布局是春秋两季全国生产就近供应，冬夏两季集中生产、运销全国，生产包括就近生产和专业化生产两部分。在春秋两季，全国各地都能大面积种植萝卜，且秋季品种类型繁多，品种类型分布的地域性极强，各地消费习惯千差万别，且以国产品种及地方品种为主，春季则以日韩春白萝卜品种为主。在冬夏两季则以专业化生产为主，冬季生产基地主要集中在浙江、福建、南岭沿线、云贵川冬季温暖区域；夏季专业化生产基地主要集中在湖北鄂西高山菜区、张承坝上菜区、云贵川夏季冷凉区域及北方夏季冷凉区域。在气候条件适宜的地区，四季均可种植，多数地区以秋季栽培为主，成为秋冬两季的主要蔬菜之一。

近年来，随着人民生活水平的提高及栽

图4　萝卜清洗加工

图5　半直立叶

培蔬菜种类的日益丰富,萝卜作为秋冬主导蔬菜的地位已发生改变,秋冬茬萝卜的栽培面积逐年下降,而对萝卜的周年供应提出了更高的要求,再加上近几年出口及加工数量的迅速增加,春夏两季萝卜栽培及冬春保护地栽培面积不断扩大。就栽培用途而言,菜用品种栽培面积明显减少,生食及加工腌渍品种栽培面积大幅度增长;从食用部位而言,现在萝卜除继续食用肉质根外,正在向利用子粒油料型和芽苗菜型发展。总的来说,萝卜的用途越来越多,栽培面积也逐年增长。

2.萝卜植物学特性

（1）根。萝卜是直根系植物,根系入土较深,一般主根深60～150厘米,大型萝卜的主根可深达180厘米以上,根系主要分布在20～45厘米深的土层范围内。人们通常消费的萝卜是指萝卜直根不断膨大而形成肥大的肉质根,肉质根在形状、大小、色泽上有多种类型。形状有圆形、扁圆形、长圆筒形、长圆锥形等;皮色有红色、绿色、白色、粉红色或紫色等;肉色有白色、绿色、红色等;肉质根大小几克至十几千克,入土深浅也不一样。

（2）茎。萝卜的茎分为短缩茎和花茎。在营养生长阶段,茎短缩成盘状,形成根头,即着生叶的地方。植株通过低温长日照春化以后进入生殖生长阶段,由顶芽抽生花茎。花茎直立,粗壮,圆柱形,自基部分枝,可分多次侧枝。

（3）叶。萝卜在营养生长阶段叶片丛生,统称莲座叶。根据莲座叶的叶形分为板叶和花叶两种,板叶几乎没有缺刻,花叶为裂刻较深的羽状裂叶;叶色有淡绿、深绿色等;叶柄有绿、红、紫色;叶片和叶柄上多茸毛;叶丛有直立、半直立、平展、塌地等状态,如图5半直立叶。

（4）花。萝卜为异花授粉植物。萝卜花芽顶生及腋生,花为复总状花序,属于完全花,花的颜色有白、粉红或紫色等,形状为十字形;基部有蜜腺,属于虫媒花。

（5）果实。萝卜果实为角果,直或稍弯,种子间缢缩成串珠状,先端具长喙,喙长2.5～5厘米,果壁海绵质,成熟时不开裂。种子色泽为黄色、棕色至红褐色,一般每1果实中有种子3～10粒,不规则圆球形,千粒重7～15克,种子寿命一般为4～5年。

3.萝卜生长发育特性

（1）发芽期。从种子萌动、出土到第1片真叶显现为发芽期。在适宜的温度条件下约需5～7天。该期主要靠种子内贮藏的养分和

图6　用地膜和小拱棚增温

外界温度、水分、空气等条件使种子萌发和子叶出土,发芽适温为20～25℃。如温度不适时可覆盖地膜或小拱棚增温,如图6用地膜和小拱棚增温。

（2）幼苗期。从第1片真叶显现到幼苗"破肚"（又称破白）,"破肚"时植株一般有7～10片真叶,此阶段需15～20天,生长适温为15～20℃,如图7所示。所谓"破肚",即子叶展开后,幼苗由于肉质根的次生生长,根

的中柱开始加快膨大,而表皮和初生皮层不能相应膨大,导致下胚轴部位初生皮层破裂。"破肚"标志着肉质根开始迅速膨大。

（3）莲座期。从"破肚"结束到"露肩"为莲座期,此阶段莲座叶生长旺盛,也叫叶生长盛期、肉质根膨大前期,生长适温为13～18℃。一般生长期短的需15～25天,生长期长的大型萝卜则需20～30天。所谓露肩,就是肉质根的根头部分生长、变粗,露出地表部分形如人的肩部。这个时期的生长特点是叶数不断增加,叶面积迅速扩大,同化产物增加,根吸收水分和养分也增多,肉质根的加长生长和加粗生长同时进行。莲座期结束以后,叶面积达最大叶面积的65%以上,苗端的形成层状细胞消失,停止叶原基分化。莲座期是吸收和同化器官形成的主要时期,而吸收和同化又是肉质根形成的基础,此期需要较多的肥水供应与较高的温度,以促进莲座叶旺盛生长,为肉质

图7　幼苗期

图8　肉质根膨大期

根的膨大奠定基础。同时也应控制肥水过多，避免叶片徒长。因此，这一时期前期应以增加肥水为主，促进叶子生长；后期适当控水、蹲苗，稳定叶面积，为肉质根的旺盛生长奠定基础。

（4）肉质根膨大期。从"露肩"到肉质根商品成熟为肉质根膨大期，如图8所示，是肉质根生长最快的时期，小型品种需15～20天，大、中型品种需要40～50天。此时大量同化产物运输至肉质根，地上部叶片生长缓慢，而地下部肉质根生长迅速，是萝卜需肥水最多的时期，因此应供应充足的肥水，对提高萝卜产量和质量十分重要。肉质根膨大期对钾肥和磷肥的需求量较高，此时追肥以钾肥和磷肥为主，适当追施硼肥和钙肥，少施尿素。平衡供应水分，保持土壤湿润，土壤湿度宜控制在65%～80%，避免土壤水分不足或忽干忽湿，当土壤湿度低于65%时，应适当浇水，防

止萝卜空心，如遇暴雨后应及时排水，防止裂根或烂根。

（5）抽薹期。指萝卜花茎抽生的时期。萝卜为二年生蔬菜，一般在萝卜生长的第二年春季开始抽薹，萝卜抽薹即标志着萝卜由营养生长阶段进入生殖生长阶段。萝卜属于种子春化型，春季播种的萝卜在低温长日照条件下，萝卜生长容易进入生殖生长阶段，在肉质根未充分膨大之前，可能发生未熟抽薹，抽薹后肉质根不再肥大，失去食用价值。因此春播萝卜应采用耐抽薹品种。

（6）开花期。萝卜抽薹以后随即进入开花期。一般萝卜初花到谢花需25～45天，如下页图9所示。

（7）结实期。指萝卜从谢花到种子成熟的时期，一般需50天左右。在结实期间花仍陆续开放，故开花期和结实期在时间上相互重叠。

1. 萝卜优良品种介绍

（1）春萝卜

1）雪单3号。2013年利用双单倍体育种技术选育的白萝卜新品种，品质好，早熟，耐抽薹，抗病抗寒力强。生育期60天，植株开展度45厘米，裂叶，小叶11对，叶片数20，叶簇平展，叶色深绿；肉质根长圆柱形，白皮白肉，根长36厘米，横径7.1厘米，单根质量1.1千克，高抗黑腐病、霜霉病、黄瓜花叶病毒病和花椰菜花叶病毒病，群体整齐度高。每亩（1亩≈667平方米）产量4000～5000千克。适宜长江中下游高山和平原种植。耐抽薹，皮薄，田间待采期长、品质好，如图10。

2）雪单2号。中早熟，商品生育期平地早春播为70～80天，高山菜区夏播为65～70天，肉质根长圆筒形，根长30～35厘米，横径8～10厘米，根部洁白，无青头，商品性好；亩产量3000千克左右；品质佳，脆嫩多汁，不易糠心；歧根、裂根少；综合抗病力较强；极耐抽薹，长江中下游地区2月底播种或高山菜区4月底播种不易发生先期抽薹，如图11。

3）雪单1号。早熟，商品生育期60天左右；亩产量3300千克左右；耐抽薹，在长江流域3月中旬以后或高山菜区5月中旬以后播种不易发生先期抽薹；肉质根长25～30厘米，横径8～10厘米；品质优，脆嫩多汁，肉质

图9 抽薹开花

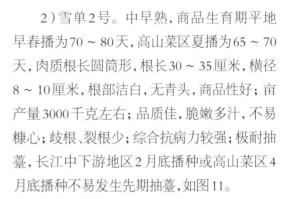

图10 雪单3号

图11 雪单2号

图12 雪单1号

根皮色光滑洁白,不易糠心。在低温下生长速度快,综合抗病力较强,商品性好,如图12。

4)蔬谷板玉。早熟,肉质圆筒形,根皮亮白、光滑,有光泽。生长势较强,叶片半开展,可密植,根皮较厚,耐裂根,耐贮运,根长27～32厘米。适宜长江中下游高山和平原晚春和秋季种植,注意生长期前期温度高于15℃。根皮白,耐裂根,耐贮运,如图13。

（2）夏萝卜

1)向阳红。湖北省农科院经济作物研究所育成的杂交一代红皮耐热萝卜品种。早熟,播种到收获45天左右,株高31厘米,开展度55厘米,裂叶,小叶6对,叶簇半直立,叶色嫩绿;肉质根长椭圆形,长11厘米左右,横径8.5厘米,红皮白肉,肉质根上下通红,品质好;抗病抗热能力较强。一般亩产2300～2600千克,如图14。

2)新济杂2号。山东省农科院蔬菜所育成。杂交一代,耐热抗病性强。叶丛半直立,羽状裂叶。肉质根长圆柱形,出土部分淡绿色,入土部分白色,生长期60天,单株根重500～1000克。

3)鲁萝卜2号。山东省农科院蔬菜所育成的杂交一代品种。生长期70～80天。叶丛半直立,浅裂叶。肉质根圆柱形,皮深绿色,肉质淡绿色。单株根重500～800克。

4)亚美夏秋。生长势强,糠心晚,抗病性及耐热性强。肉质根白色,长圆筒形,根状均匀,根长30～35厘米,商品性好。播种后55天可收获,曲根、裂根少。河北中南部、河南、山东、淮北、苏北地区作夏季及夏秋两季栽培。其他地区作晚夏及早秋、秋季栽培。

5)早红萝卜。南京郊区农家优良品种。在长江流域及广东等地均有种植。植株半直立,株高30厘米,开展度35厘米。板叶、叶片绿色,长卵圆形,叶缘波状,叶面微皱,叶长30厘米,宽8厘米。叶柄深绿色。肉质根长椭圆形,尾部钝尖,出土1/3,皮水红色,肉白色。单株收获叶片数14～16片,单根重300克。抗热,不耐湿,抗霜霉病,组织致密,生长期60天左右,每亩产量1500千克。

6)夏秋美浓。从国外引进的一代品种。植株生长势强,株高33～38厘米,抗病性及耐热性强,肉质细嫩,生长速度快。从播种到收获仅55～60天。根形长筒形,皮色和肉色均为白色,表面光滑,生食脆嫩多汁,风味好,根长35～45厘米,单株重1.0～1.5千克,是腌渍加工出口的优良品种,每亩产量在4000千克以上。

图13　蔬谷板玉

图14　向阳红

7）短叶十三。叶直立，叶片倒卵形，直立似汤匙形，叶色浓绿，无茸毛。肉质根长圆柱形，长25厘米，横径6厘米。皮肉白色，单根重0.5千克左右，味甜美、质脆嫩少渣。耐热、耐湿，早熟性好，播种后50天左右即可收获，每亩产量2000千克以上。每亩用种量0.5千克。

8）夏优1号。耐热萝卜，叶丛直立，株型紧凑，可适当密植栽培。叶片为板叶，少而短，商品根成熟时，叶片数18片左右。叶面光滑，叶色浓绿。最大外叶大小一般为22.2厘米×11.4厘米。商品根白皮白肉，直筒形，长22～28厘米，横径4～5厘米，露土部分长7厘米左右。单根重约730克。根皮光滑，皮薄，肉质较脆，水分含量高，鲜嫩，口感好。生长期短，出苗45～50天即可上市，每亩鲜重产量可达5000～6000千克。具有耐热、品质优、抗病毒病、不易糠心和裂根少等特点。

9）夏优301。叶丛半直立，生长势强，株高45厘米，开展度60厘米。叶片为花叶，最大叶大小一般为32厘米×12厘米，商品根成熟时，叶片数20片左右，叶色浓绿。商品根白皮白肉，直筒形，长26～28厘米、横径4～5厘米，露土部分长6厘米左右。单根重约850克。根皮光滑，皮薄，肉质较脆，水分含量高，鲜嫩，口感好。生长期短，出苗后45～50天即可采收上市，每亩鲜重产量可达6000千克以上。

10）夏抗40。武汉市蔬菜研究所配制的极早熟、极抗热的一代杂交品种。夏季40℃高温下能正常生长。板叶，根长圆柱形，长20～25厘米，粗5～7厘米，出土10～13厘米。皮肉均白色，品质好。较抗病毒病。7月中旬播种，40天即可上市，每亩产量1500～2500千克。

11）伏抗萝卜。南京农业大学园艺系育成。株高40厘米左右，肉质根长圆柱形，长14厘米左右，粗约6厘米，1/2露出地面。皮红、肉白，肉质致密，味甜，适合熟食。抗病毒病强，抗热性好，生长速度快，生育期55～75天。每亩产量1500～2500千克。

（3）秋冬萝卜

1）秋白浓。中早熟秋萝卜，生长期55～60天。肉质根白色、直根，根皮光滑有亮泽，单根重1.0～1.5千克，圆柱形，根长38～45厘米，根粗6～8厘米。味道好，品质佳，抗病，耐热，产量高。可生食、汤食、腌渍、清脆可口。秋季栽培一般于8月上旬播种。生长期间施化肥，不可使用未腐熟的农家肥。

2）象牙白。从日本引进品种。叶直立，肉质根圆柱形，长45～50厘米，横径7～10厘米；单根重1500克。约1/5露出地面。皮肉均为白色，肉质细嫩、汁多味淡。适合熟食或腌渍。中熟，生长期80～90天，抗病、耐热、耐贮藏，适应性强，每亩产量4000千克左右。

3）武青1号。武汉市蔬菜研究所育成的常规品种。叶簇半直立，花叶，有小叶11对，叶片绿色。肉质根长圆柱形，长约28厘米，径粗8～9厘米，出土部分4厘米，肩翠绿色，入土部分白色，单根重1.0～1.5千克。品质好，

图15　武青1号

熟食、腌渍均可。抗逆性强，较耐病毒病，每亩产量3000～4000千克，如图15所示。

4）宁红萝卜。南京农业大学园艺系和南京市蔬菜研究所育成的一代杂种。株高44厘米，叶簇半直立，叶绿色，深裂，叶柄、叶脉红绿色。肉质根长圆筒形，皮红色，肉浅绿白色。表面光滑，根长19.5厘米，粗9.5厘米，单根重1千克左右。肉质紧密，不辣，煮食易烂，品质好。适应性广，抗病毒病和霜霉病能力较强。适合长江中下游地区种植，每亩产量3000千克左右。

5）大红袍。叶簇直立性较强，板叶，叶数少。肉质根近圆形，根皮红色，根头部小，约1/2露出地面，重1.0～1.5千克，白肉。适合熟食，品质好，耐热性强，耐贮藏。生育期80天，每亩产量3500～4000千克。

6）徐州大红袍。徐州地方品种。经徐州市蔬菜研究所提纯复壮，具有质优、丰产、抗病等特点。叶簇半直立，株高30～40厘米，开展度40～50厘米。直根为长圆锥形，底部钝平，一般长12～25厘米，直径8～10厘米，皮色鲜红，尾部略淡。肉色为白色，单个重500～700克，生长期80～90天，一般每亩产量3500～4000千克，耐贮藏，品质好，较抗病，是秋季露地栽培的理想品种，如图16所示。

7）灯笼红。北方各地均有栽培。肉质根圆形或扁圆形，皮鲜红色，肉白色，肉质致密，含水分较少，耐贮藏，单根重0.5千克左右。

8）满堂红（心里美萝卜）。该品种为杂交一代品种。板叶，叶簇直立，叶色深绿。肉质根椭圆形，外表皮地上部分绿色，入土部分渐浅，内皮层呈紫红色。肉质致密，脆嫩。肉色

图16　大红袍

鲜艳,血红瓤比率95%以上。抗病、耐贮藏。

9)鲁萝卜4号。肉质根圆柱形,皮绿色、肉质翠绿色,生食脆甜多汁,耐贮存不易糠心。适应性广,在山东、河南、甘肃、黑龙江等省市均可种植。每亩产量达到3000千克以上。

10)鲁萝卜6号。肉质根短圆柱形,淡绿皮,肉紫红鲜艳,生食脆甜多汁,耐贮藏不易糠心,贮藏后品质风味更好。每亩产量达到3000千克以上。适应性广,在山东、河南、甘肃、黑龙江等省市均可种植。

11)卫青萝卜。天津市农业科学院蔬菜研究所(现天津科润蔬菜研究所)培育的抗病、丰产、优质青萝卜新品种。是目前出口创汇最优良的青萝卜品种。叶簇半直立,浓绿色有光泽。肉质根圆筒形,长18～22厘米,横径6～8厘米,单根重0.5～0.7千克。根部4/5露出地面。皮深绿色而有光泽,厚0.2厘米,尾端呈白玉色。肉致密呈翠绿色,脆嫩多汁而味甜,为优质水果型萝卜。肉质根极耐贮。较抗病毒病、霜霉病。每亩产量可达3000～3500千克,如图17所示。

12)竹竿青萝卜。河南地方品种。呈长圆柱形,2/3以上露在地面上,表皮光滑、色

绿。肉色浅绿,肉质致密,汁中等。味甜稍辣,埋藏后味甜,品质优良。生长期80～90天。抗病性强,属中晚熟品种。适合秋栽。

13)北京心里美。北京地方品种。肉质根1/2露出地表,外表皮灰绿色,肉皮层紫红色,肉紫红色。生食为主,品质好。中熟生长期80天左右。喜冷凉的气候和肥沃湿润的沙质土。较抗病,耐贮藏,单株重600～800克,每亩产量3500千克左右。适合秋栽。

14)翘头青。原为大连郊区地方品种。肉质根长圆锥形,根部稍翘,单个重1000～2000克。根部1/2露出地表,肉色浅绿,味甜稍辣,品质优良。适合生食或加工腌渍。中熟,生长期85～90天。抗病性强、耐热、耐贮藏、不易糠心,每亩产量3500千克左右。

(4)冬春萝卜

这种栽培类型多见于南方地区,一般10月份播种,露地越冬,第二年3～4月份收获。因此,这类品种一般耐寒性强,对春化要求严格,抽薹晚,不易空心。

1)冬春1号。武汉市蔬菜研究所配制的杂种一代。根圆锥形,长26～27厘米,粗8～9厘米,出土6～7厘米。肉质细嫩,耐寒性强,抽薹晚。10月下旬播种,第二年3月下旬收获。抽薹15厘米仍不空心。

2)冬春2号。武汉市蔬菜研究所配制的杂种一代。根圆柱形,长17～19厘米,粗8厘米,入土8～9厘米。肉质细嫩,不易空心,耐寒性强,抽薹晚。10月下旬播种,第二年3月下旬至4月上旬收获。

3)四月白。武汉市蔬菜研究所育成的杂交种。花叶深绿色。肉质根长卵形,根长26厘米,粗8～9厘米,出土部分8～10厘米,单根重0.5～0.75千克。皮肉均为白色,肉质细嫩。抗寒性强,抽薹晚。适合在长江中

图17　卫青萝卜

图18　春不老萝卜

图19　圆盘犁犁地

下游冬季不太寒冷的地区种植。在武汉地区10月下旬播种，第二年3月下旬至4月上旬收获。

4）春不老萝卜。四川地方品种。中晚熟，耐寒力及生长势强。叶簇较直立，叶片倒披针形，叶面微皱，全缘，深绿色。肉质根扁圆球形，上绿下白，纵径9.5～11.0厘米，横径12～15厘米，入土深度约1/2。皮较厚，肉质致密、脆嫩、汁多味甜，不易抽薹和空心，品质好。单根重500～1000克，每亩产量5000千克左右。重庆地区10～11月份播种，第二年2～4月份上市，如图18所示。

5）宁白3号。南京市蔬菜研究所配制的一代杂种。叶片淡绿色，花叶。肉质根长圆柱形，下部洁白，肩部淡绿，长31～35厘米，横径7～9厘米。肉质白嫩、细腻、味甜。生育期80～100天，单根重1000克左右，每亩产量4000～5000千克。冬性强，耐抽薹。在低温、弱光条件下能正常生长，对霜霉病及病毒病抗性较强。

2.播种前的准备

（1）选地。选择肥沃、疏松、保水保肥、排灌方便、土层深厚、无农药污染的沙质土壤为宜，土壤pH值呈微酸性至中性，pH值在5.5～7，地下水位低。前茬作物以瓜类、茄果类、豆类为宜，避免与十字花科蔬菜连作。产地周围要求无三废污染源。

（2）整地施肥。深耕耙平，如图19所示。耕地深度30厘米以上，华中地区采用深沟高畦栽培，一般畦高20～30厘米，畦宽50～60厘米，沟宽30～40厘米，小根型品种可采用平畦栽培。

（3）施足基肥。结合整地，施入基肥，在畦正中开施肥沟，每亩施腐熟农家肥2500千克左右以增加土壤有机质，改善土壤的物理性能，复合肥30～50千克、硼肥1～2千克，基肥每亩可增施生石灰，补充钙肥、调节土壤酸碱度，减少病害发生。

（4）品种选择。选用抗病、优质、抗逆、适用性广、商品性好的品种。品种应符合市场需求，适应当地栽培环境，华中地区可选择黄州萝卜、南畔洲、浙大长、短叶13、耐暑40、夏抗40、双红、红秀、雪单1号、雪单2号、雪单3号、蔬谷板玉、玉山白雪、天鸿春、汉白玉等品种。

3.播种

（1）播种时间。春萝卜11月下旬至次年3月上旬播种；夏萝卜7月中下旬播种；秋萝卜8月上中旬播种，越冬萝卜8月下旬至9月上旬播种；高山萝卜4月下旬至8月中旬均可播种。

（2）播种方式。播种方式多采用打穴点播，如图20，一般每穴播种1～2粒；播种时采用暗潮播种，即先浇水、后播种再盖土，或抢墒播种。春播可采用地膜覆盖播种，高山5月中旬以前播种应覆地膜，提高地温以利于生长，防止提早抽薹。播种行株距根据品种而定，一般大根型品种播种行距40～50厘米，株距25厘米；中根型品种播种行距30厘米，株距20厘米。小根型萝卜撒播为宜。

4.田间管理

（1）及时间苗。间苗、定苗，有覆盖地膜的及时破膜放苗，如图21。萝卜不宜移栽，因此，出苗后发现有缺苗现象，应及时补播。第一次间苗在幼苗破心后、子叶充分展开时进行；第二次间苗在幼苗具有2～3片真叶时进行。当幼苗具有5～7片真叶时，此时肉质根"破肚"，及时进行定苗。

（2）及时中耕除草与培土。露地春萝卜、夏秋萝卜、越冬萝卜在萝卜幼苗期和莲座期间要及时进行中耕除草与培土。中耕既可减少土壤水分蒸发，满足幼苗对水分的吸收，又有利于提高地温，疏松土壤，促进肉质根生长。中耕除草结合间苗进行，中耕时先浅后深，避免伤根，并结合中根进行培土。当叶片覆盖畦面以后停止中耕，以免损伤叶片和肉质根。采用地膜覆盖播种的不需中耕。

（3）合理灌溉浇水。

1）发芽期：播后要充分灌水，土壤有效含水量宜在80%以上。夏秋两季土壤干旱时应及时灌水，以利出苗。

2）幼苗期：苗期根浅，需水量小。土壤有效含水量宜在65%以上。遵循"少浇勤浇"的原则。

3）莲座期：此时地上部莲座叶数不断增加，叶面积逐渐增大，地下肉质根也在膨大，需水量大，但要适量灌溉，保持畦面不干即可，防止地上部分生长过旺。

4）肉质根膨大期：应及时、均匀灌溉，保持地面湿润，土壤有效含水量宜在65%～80%，既利于肉质根膨大，又可防止发

图20　打穴播种

图21　破膜放苗、定苗

生糠心和裂根。

（4）合理追肥。

幼苗2叶1心时每亩追施尿素3千克，5叶1心时每亩追施尿素5千克，硫酸钾5千克，抢雨撒施；在破肚前，再追施一次速效性氮肥或氮磷钾复合肥15千克，促进同化叶和吸收根生长；肉质根膨大前期即"露肩"时可追氮磷钾复合肥30千克。此后停止追肥。采用地膜覆盖播种的一次性施足基肥。

5.采收

（1）采收时间。根据市场需要和生育期及时收获，一般10天内收获完毕，如图22。一般春萝卜60～70天收获，夏萝卜40～45天收获，秋冬萝卜70～100天收获，选晴天或阴天采收为宜，避免雨天采收。将萝卜拔出、去缨、清洗、分级、包装、预冷后保温运往目的消费市场。

（2）感官要求。同一品种或相似品种，外形整齐，大小基本均匀，色泽一致，表皮光滑洁净，无明显缺陷（缺陷包括糠心、开裂、机械伤、腐烂、异味、冻害和病虫害）。

（3）卫生要求。卫生要求应符合下页表1的规定。

（4）自我检验。品种特征、外形、大小、色泽、开裂、腐烂、冻害、病虫害及机械伤等，用目测法检测。糠心、病虫害有明显症状或症状不明显而有怀疑者，应取样品剖开检验。异味用口尝和鼻嗅的方法检测。

6.包装、运输与贮存

（1）标志。包装上的标志和标签应标明

图22　适时采收

表1 无公害食品萝卜卫生要求

序 号	项 目	指标 /（毫克 / 千克）
1	敌敌畏（dichlorvos）	≤ 0.2
2	乐果（dimethoate）	≤ 1
3	杀螟硫磷（fenitrothion）	≤ 0.5
4	氰戊菊酯（fenvalerate）	≤ 0.05
5	抗蚜威（pirimicarb）	≤ 1
6	百菌清（chlorothalonil）	≤ 1
7	砷（以 As 计）	≤ 0.5
8	汞（以 H 克计）	≤ 0.01
9	铅（以 Pb 计）	≤ 0.2
10	镉（以 Cd 计）	≤ 0.05
11	亚硝酸盐（以 $NaNO_2$ 计）	≤ 4
注：根据《中华人民共和国农药管理条例》，剧毒和高毒农药不得在蔬菜生产中使用		

产品名称、生产者、产地、净含量和采收日期等，字迹应清晰、完整、准确。

（2）包装。

1）用于萝卜的包装容器应整洁、干燥、牢固、透气、无污染、无异味，内壁无尖突物。纸箱无受潮、离层现象。塑料箱应符合克B/T8868的要求，如图23。

2）每批萝卜所用的包装、单位净含量应一致。

3）包装检验规则：逐件称量抽取的样品，每件的净含量不应低于包装外标志的净含量。

（3）运输。

1）萝卜收获后应就地修整，及时包装、运输。

2）运输工具清洁卫生、无污染。装运时，做到轻装、轻卸，严防机械损伤。运输时，严防日晒、雨淋，注意防冻和通风。

（4）贮存。

1）临时贮存时，应在阴凉、通风、清洁、卫生的条件下，严防烈日曝晒、雨淋、冻害及有毒物质和病虫害的危害。

2）长期存放应堆码整齐，防止挤压，保持通风散热。

3）贮存库（窖）温度宜保持在0～3℃范围内，空气相对湿度应保持在85%～90%。

4）贮存期间应防止污染。

7.萝卜典型安全高效栽培模式

（1）夏季栽培。

萝卜是喜凉蔬菜作物，适于在秋冬季节栽培，冬季和春季供应市场，夏季存在供应缺口，不能满足人们对它的周年需求。而萝卜

图23 包装

耐热品种的出现使得萝卜在炎热的夏季进行栽培获得成功。夏季萝卜收获期正值8月下旬至9月上旬，弥补了夏秋供应缺口，经济效益较高。

1）品种选择。萝卜夏季栽培是反季节栽培，在盛夏高温季节栽培萝卜时，应选择耐热性好、抗病性强、肉质根膨大快的早熟优质品种。如向阳红、夏长白2号、东方惠美、夏美浓早生3号、耐暑40、夏抗40、双红1号、短叶13、夏长白、夏玉、热白萝卜等品种。

2）整地施肥。种植萝卜的地块宜选用土层深厚、排水良好、疏松透气、富含有机质的砂壤土。前茬作物收获后及时清除田间的残枝杂草。早熟萝卜生长期短，对养分要求较高，结合整地施足基肥，每亩撒施充分腐熟的有机肥3000～4000千克和氮磷钾复合肥30～50千克做基肥，采用深沟高畦栽培，在深翻、整地、耙平、耙细后作畦，畦宽60～80厘米，高25～30厘米。

3）播种。长江中下游流域夏季萝卜一般在7月中下旬至8月上旬播种。播种方式有点播、条播和撒播，可根据品种类型合理选择。大根型品种应点播，株距为20厘米，行距为35厘米，播种穴要浅，点播每穴3～5粒种子，每亩需种量250～500克，播后用细土盖种；中根型萝卜品种可开沟条播，开沟深度要求2～3厘米，每亩用种量为0.75～1.0千克。小根型品种可撒播，间苗前后保持6～12厘米的株距，每亩需种量1千克左右。播种时一定要采用药土（如敌百虫、辛硫磷等）拌种或药剂拌种，以防地下害虫。播后土壤干旱时应及时灌水，4～5天进行查苗、补苗，保证全苗，幼苗出土后生长迅速，在幼苗长出1或2片叶和3或4片叶时分别间苗1次，幼苗长至5或6叶期定苗。

4）肥水管理。萝卜需水量较多，水分的多少与产量高低、品质优劣关系很大。水分过多，萝卜表皮粗糙，还易引起裂根和腐烂。苗期缺少水分，易发生病毒病。肥水不足时，萝卜肉质根小且木质化，苦辣味浓，易糠心。夏季炎热，日照强烈，田间一般较旱。栽培上要根据萝卜各生长期的特性及对水分的需要均衡供水，切勿忽干忽湿。播种后浇足水，土壤含水量宜在80%以上，保证出苗快而整齐。大部分种子出苗后要再浇一次水，以利全苗。整个幼苗期，土壤含水量以65%为宜，要掌握少浇勤浇的原则。定苗后，幼苗很快进入叶片生长盛期，要适量浇水。营养生长后期要适当控水，防止叶片徒长而影响肉质根生长。植株长出12或13片叶时，肉质根进入快速生长期，此时肥水供应应充足，可根据天气和土壤条件灵活浇水。大雨后必须及时排水，防止水分过剩沤根，产生裂根或烂根。高温干旱季节要坚持傍晚浇水，切忌中午浇水，以防嫩叶枯萎和肉质根腐烂，收获前7天停止浇水。萝卜对养分也有特殊的要求，缺硼会使肉质根变黑、糠心。肉质根膨大期要适当增施钾肥，出苗后至定苗前酌情追施护苗肥，幼苗长出2片真叶时追施少量肥料。第二次间苗后结合中耕除草追肥一次。在萝卜破肚至露肩期间进行第二次追肥，以后看苗追肥。追肥时期原则上着重在萝卜膨大期以前施用，需要注意的是，追肥不宜靠近肉质根，以免烧根。人粪尿浓度过大，会使根部硬化，一般应在浇水时兑水冲浇，人粪尿与硫酸钾等施用过晚，或施用未经发酵腐熟的人粪尿，会使肉质根起黑箍，品质变劣、破裂，或生苦味。中耕除草可结合灌水施肥进行，中耕宜先深后浅，先近后远,封垄后停止中耕。

5)病虫防治。夏季气温高,虫害较多,主要有菜青虫、蚜虫、小菜蛾、黄曲条跳甲等,可选用乐斯本、吡虫啉、抑太保、苏云金杆菌乳油等杀虫剂进行防治;对于黑腐病、软腐病、病毒病等病害,可分别选用农用链霉素、新植霉素、病毒K、吗啉胍等相应的杀菌剂来进行防治。

6)及时采收。夏萝卜收获期一般在10天左右,应及时采收。待肉质根完全膨大,单株重达300~500克时,根据市场行情即可陆续收获上市。注意不能收获过晚,否则易糠心,影响品质,最迟应在秋冬萝卜采收前全部收获。

（2）秋季栽培。

1)品种选择。可适合秋季栽培的萝卜较多,一般为大型品种。绿皮萝卜可选鲁萝卜1号、青圆脆、青皮脆、心里美萝卜等;红皮萝卜可选鲁萝卜3号、大红袍、薛城长红等;白皮萝卜可选白沙、秋宝、月秋、秋白浓、象牙白、太湖白萝卜和脉地湾萝卜（如图24）等。

2)整地施肥。选择排灌方便、疏松肥沃的地块,深耕晒土,打碎整平,施足底肥。一般每亩施腐熟的有机肥3000~5000千克、过磷酸钙80千克、草木灰200千克。尽可能多的施腐熟有机与适量磷钾肥混合作基肥。施肥后再将地浅翻,然后做畦。多用宽垄双行播种,便于管理。每60厘米做一垄,垄高10~15厘米,垄面宽35~40厘米,垄沟宽25~30厘米。垄栽培的优点是土质疏松,地温昼夜温差大,排灌方便,不易感染病害。南方萝卜秋季栽培多采用深沟高畦栽培,梳子形,畦长4米,宽1.1米,高15~20厘米。

3)适时播种。秋萝卜播种过早时病虫害严重,肉质根顶部开裂,心部发黑;播种过晚,萝卜生长季节缩短,没有发生足够的叶片,肉质根不能充分膨大而减产。秋季萝卜适宜的播种期一般在8月上旬~9月上旬。播种前精选种子,垄上开2厘米深的沟,条播或点播,两行间距30厘米,株距25~30厘米,每亩株数5000~6000株。墒情差时,播后浇水。

4)间苗定苗。幼苗长到子叶充分展开时进行第一次间苗,长到3片真叶时进行第二次间苗,长至4片真叶时进行最后一次间苗,随后可定苗,并对缺苗的地方进行补苗。

5)中耕除草。秋萝卜幼苗期仍处在高温高湿季节,杂草生长仍然旺盛,要及时中耕除草,保持土壤疏松,防止土壤板结。在幼苗期中耕不宜过深,肉质根膨大期尽量少松土,避免碰伤根茎和真根部而引起叉根、裂根和腐烂。

6)合理浇水。苗期气温高,浇水应小水勤浇,一般在每天早晚浇水。叶片生长盛期一般地不干不浇水,地发白才浇水。进入肉质根膨大期后,要供应足够的水分,每隔3~5天浇1次水,收获前一周停止浇水。在多雨季节或多雨地区,应注意及时排水防涝。

7)及时追肥。在定苗后进行第一次追肥,每亩施硫酸钾10~15千克。莲座期进行第二次追肥,每亩施三元复合肥10~15千克。肉质根膨大期应特别注意加强管理,可追尿素或者复合肥每亩20千克,加草木灰100千克,

图24　脉地湾萝卜

防止叶片早衰,促进肉质根生长。另外,在肉质根膨大期还应叶面喷0.3%的硼砂溶液和0.2%的磷酸二氢钾,以促进其生长。

8)病虫防治。秋萝卜的主要病害有黑腐病和病毒病。黑腐病由黑腐病菌引起。主要症状是根中心变黑腐烂。防治方法可用退菌特或百菌清浸种消毒,田间防治可喷施代森锌。病毒病主要是避免高温和干旱环境及防治蚜虫的传播。可用吗啉胍喷施。萝卜虫害主要有蚜虫、黄曲条跳甲、菜青虫等,应适时喷药防治。一般从苗期就开始喷药。

9)及时采收。在肉质根充分膨大,叶色转淡,霜冻到来之前进行采收。

(3)越冬栽培。

1)品种选择。越冬萝卜栽培由于整个生长期都处于较低的温度条件下,极易通过春化阶段而抽薹,影响肉质根的形成和膨大,进而对产量和品质造成影响。所以选择适宜品种很重要,要求耐寒性强,对春化要求严格,抽薹晚,不易空心。可选择的品种有雪单1号、白沙、冬春2号、四川春不老萝卜、宁白3号等。

2)整地施肥。种植萝卜的地需深耕,并打碎耙细,有利于肉质根的生长膨大。施肥总的要求是以基肥为主、追肥为辅。萝卜根系发达,需要施足基肥,一般基肥用量占总施肥量的70%。每亩施腐熟厩肥2500～4000千克、过磷酸钙25～30千克、草木灰50千克、耕入土中。南方多雨潮湿,一般都要深沟高畦栽培,如图25。

3)播种。冬春萝卜的播种期,应按照市场的需要和各品种的特性而定。一般需要在

图25　起垄开厢

秋季适当提早播种，使幼苗能在20～25℃温度下生长，为以后肉质根肥大打下良好基础。华中地区在9月上中旬至10月中旬均可播种，要越冬的可用大棚栽培，如图26。合理的播种密度应根据品种特性而定。一般大型品种行距40～50厘米，株距35厘米；中型品种行距17～27厘米，株距17～20厘米。播种时要浇足底水，浇水方法有两种：一是先浇清水或粪水，再播种、盖土；二是先播种，后盖土再浇清水或粪水。前一种方法底水足，土面松，出苗容易；后一种方法易使土壤板结，必须在出苗前再浇水，保持土壤湿润，幼苗才易出土。条播时种子要稀密适度，过密幼苗长不好，且间苗时费工。穴播的每穴播种子3～5粒。播后覆土约2厘米厚，不宜过厚。

4）及时间苗。间苗是为了避免幼苗拥挤、互相遮阳，光照不良，所以应早间苗。一般1或2片叶时，进行第一次间苗，每穴留2或3株；3或4片叶时，进行第二次间苗；5或6片叶时间苗并定苗，每穴留1株。

5）水分管理。萝卜抗旱力弱，要适时适量浇水。在干燥环境下，肉质根生长不良，常导致萝卜瘦小、纤维多、质粗硬、辣味浓、易空心。水分过多，叶易徒长，肉质根生长量也会受影响，且易发病。因此，要注意合理浇水。一般幼苗期要少浇水，以促进根向深处生长。叶生长盛期需水较多，要适量灌溉，但也不能过多，以免引起徒长。肉质根迅速膨大期应充分而均匀地灌水，以促进肉质根充分成长。在采收前半个月停止灌水，以增进品质和耐贮性。但由于是冬季栽培，温度低，光照也较弱，水分蒸发较慢，所以较其他季节栽培的浇水量和浇水次数应少些。

6）适量追肥。萝卜在生长前期，需氮肥

图26　大棚栽培

较多，有利于促进营养生长。中后期应增施磷钾肥，以促进肉质根的迅速膨大。对施足基肥而生长期较短的品种，可少施追肥。一般中型萝卜追肥3次以上，主要在植株旺盛生长前期施，第一、第二次追肥结合间苗进行，每亩追施尿素10～15千克。破肚时施第三次追肥，除尿素外，每亩增施过磷酸钙、硫酸钾各5千克。大型萝卜到露肩时，每亩再追施硫酸钾10～20千克。有时还可在萝卜旺盛生长期再施一次钾肥。追肥时注意不要浇在叶子上，要施在根旁。

7）中耕培土。萝卜生长期间，为防止土壤板结，促进根系生长，应中耕松土几次，尤其在杂草易滋生的季节，更要中耕除草。一般中耕不宜深，只松表土即可，封行后不再进行中耕。高畦栽培的，还要结合中耕，进行培土。长形露身的萝卜品种，也要培土塞根，以免肉质根变形弯曲。植株生长过密的，在后期摘除枯黄老叶，以利通风。

8）病虫防治。主要防治黑斑病、病毒病、霜霉病等。对病害要采取综合防治，以减少发病条件，杜绝病源，增强植株抗病能力。如选用健康不带病种子，进行种子消毒，实行轮作，深沟高畦，保持田园清洁，防治虫害等，必要时使用药剂防治。主要虫害有蚜虫、小菜蛾、黄曲条跳甲等。防治重点在幼苗期，后期由于温度逐渐降低，害虫的活动能力也较弱，不足以造成严重为害。

（4）春季栽培。

1）品种选择。由于春萝卜较易抽薹，所以一定要选择冬性强、低温生长快、品质好、抗病性强的品种，尽量降低抽薹风险。目前各地较多选择春白玉、白玉春、长春大根、雪单1号、雪单2号等品种，其综合性状优秀，是比较安全的选择。

2）整地施肥。春萝卜生育期短、产量高，需肥多而集中，所以精细整地和施足底肥非常重要。土壤以沙壤地或沙地为好，播种前深翻地2～3次，深度应不低于20厘米，翻地同时拾净田间石块、瓦砾等，结合翻地每亩施人厩肥3000千克和三元复合肥40千克作底肥。一般采用小高畦或小高垄种植。小高畦宽1米，其中畦面宽0.65米，畦面整成龟背形。畦沟宽、深各0.35米。南方地区应挖好排水沟，防止田间渍水。最好覆盖地膜加不拱棚，以提高地温，减少未熟抽薹的风险，如图27。

3）精细播种。12月上旬至次年3月均可播种，其中地膜覆盖、小拱棚或大棚1月份播种。大棚栽培12月至次年1月份播种。播种

过早易抽薹，播种太迟易发生病虫害。为降低成本和避免畸形根的发生，春萝卜一般采用打穴点播。播前浇足底水，播后可覆盖地膜保温。每畦播两行，行距35厘米、株距20厘米左右，每穴播种1～2粒。每亩6500穴以上、每亩用种量90克播后覆盖地膜。

4）苗期管理。播种后5～7天，子叶平展，就进行破膜露苗、间苗、补苗。破膜露苗就是在萝卜苗上面的地膜用竹签划一条破口，让萝卜幼苗的地上部分露出地膜外面生长。但要注意两点：第一，地膜破口不易过大，只要苗能露出即可，并及时随抓一把细土将地膜破口封严。第二，晴天地膜内外温差较大，破口处容易产生热气流，这种情况下，苗露出地膜会让其水分代谢失调而萎蔫，因此破膜露苗应在阴天或午后进行。幼苗长至2～3片真叶期进行间苗、查苗，对缺苗的地方及时移苗补栽，保证每穴1株壮苗，不重苗不缺苗。播种后20天左右萝卜肉质根开始膨大，如图28。

5）肥水管理。春季一般不缺水，播种时一次浇足底水后尽量少浇水，切忌频繁补水和大水漫灌，以防降低地温。雨季应注意做好排除田间渍水，降低土壤湿度。严重缺水会影响产量和降低品质，如出现畦沟发白发

图27　覆盖地膜

图28　地膜栽培

裂应灌跑马水,水不能上畦面。追肥要及时,使萝卜在生长中后期有足够的养分吸收,间苗时追施一次稀人粪尿或2%的尿素;播种后30天左右,大部分萝卜露肩时追第二次肥,每亩追施三元复合肥15千克,兑水成1%浓度后浇施;第三次施肥在45天进行。每亩再施20千克复合肥。土壤湿度大时,追肥可用穴施,距萝卜根10厘米,追肥分别施在不同位置。生长中后期的水分管理以地表见干见湿为好,土壤湿度过大,肉质根会出现开裂或表皮粗糙等现象。收获前一周停止肥水供应。

6)病虫防治。苗期注意防治黄曲条跳甲;中后期防治好蚜虫、菜螟等害虫。病害主要有少量黑斑病、霜霉病,主要由于田间湿度过大或雨水过多引起的,应注意清沟排渍,药剂可选用72%克露600倍液、75%百菌清600倍液、64%杀毒矾600倍液等药剂防治。土壤湿度大,地膜里面杂草生长较快,有时还能顶破地膜造成草害。采用清沟、土壤镇压使杂草无光、少气而死亡。

7)及时采收。春萝卜的采收亦早不亦晚,一般播后60天左右采收。当肉质根直径达5厘米以上、重约0.5千克时,即可分批收获上市。采收时注意留萝卜缨5厘米左右,可延长存放时间。近距离销售的,可清洗后上市,如果进行远距离运输则不要清洗。

8.樱桃萝卜栽培

樱桃萝卜是一种小型的萝卜,因根皮呈鲜红色,形状似樱桃,故名樱桃萝卜,为中国的四季萝卜中的一种,具有品质细嫩、生长迅速、色泽美观的特点,如图29。因为生长期短,适应性较强,只要选择好播种期,并采取适当的管理技术,樱桃萝卜完全可以四季栽培。目前,

图29 樱桃萝卜

樱桃萝卜品种很多,多为从国外引进,各地应根据当地气候和栽培季节选择好适宜品种。主要栽培茬口有以下几种。

春季露地栽培:3月中旬至5月上旬可陆续播种,分期收获。

夏季遮阳栽培:5至9月份期间栽培需用遮阳网覆盖,防暴雨并可降温。

秋季露地栽培:9月中旬至10月上旬可陆续播种,分期收获。

华南地区冬季露地栽培:可从10月份至第二年3月份陆续播种,分期收获。

春、秋、冬季保护地栽培:即从10月上旬至次年3月上旬,可以在塑料大棚、改良阳畦、温室内陆续播种,分期收获。

1)品种选择。品种的选择主要看市场的要求而定。如北京地区市场以肉质根圆球形,直径2~3厘米,单根重15~20克,根皮红色,肉为白色。可选择的品种有日本的赤丸二十日大根、德国的早红、扬州水萝卜等。其次是直根形、白皮白肉的长白二十日大根、玉姬,肉质根横径1.5厘米,长约8厘米,生育

期20～25天。近来随着消费者多样性消费需求，肉质根圆球形，白皮白肉的品种也在上市，如图30。

2）整地施肥。栽培在合适的土壤里，肉质根的生长才能更好地肥大，形状端正、外皮光洁、色泽美观、品质良好。因此，对于整地的要求是深耕、晒土、平整、细致、施肥均匀。这样才能促进土壤中有效养分和有益微生物的增加，并能蓄水保肥，有利于根对养分及水分的吸收。樱桃萝卜以基肥为主，一般不需追肥，因其生长期短，肉质根小，所以对肥料种类及数量要求不太严格。一般每亩施腐熟有机肥2000千克左右作基肥。由于肉质根很小，多采用平畦栽培。畦可以做得稍小一些，便于管理。也可采用小高畦栽培，但垄不要起的太高，以10厘米左右为宜。

3）播种方式。采用直播，樱桃萝卜一般进行条播或撒播。条播行距10厘米，株距3厘米左右，播种深度约1.5厘米，每亩播种量100克左右。撒播时应注意不要过密，以免间除过多的苗，造成浪费。

春季露地播种时，由于春季气候寒冷多风，采取播前先浇足底水，播种后覆细土2厘米，防止土壤板结，减少水分蒸发，提高土壤温度，有利于种子发芽和幼苗出土。

图30　白樱桃萝卜

4）间作套种。由于樱桃萝卜生长期短，植株矮小，非常适合与高秧蔬菜进行间作或套种栽培，间套作的蔬菜可以是爬蔓的西葫芦、冬瓜等，也可以是较直立的番茄、辣椒、茄子等。在瓜类的夹畦中播种，待瓜蔓爬至夹畦时，小萝卜已经收获。北京郊区将樱桃萝卜在保护地与结球生菜间作，得到较好效果。

5）田间管理。由于樱桃萝卜生长期短，田间管理比较简单。播种后温度达到22～25℃时2～3天苗出土。当子叶展开时进行1次间苗，留下子叶很正常的株苗，其余间去，同时在苗比较密集处进行间苗。当真叶3～4片之前要及时进行定苗。在樱桃萝卜生长期间要注意土壤墒情，保持田间湿润，不要过干或过湿，浇水要均衡。土壤肥力不足时可随水施用少量速效氮肥。及时进行中耕除草，尤其是秋季栽培，本身樱桃萝卜植株小，前期生长正是高温多雨季节，杂草生长旺盛。消除杂草可保持土壤空气的含量，因此，经常保持土面疏松，防止土壤板结。

6）及时收获。樱桃萝卜一般生长25～30天，肉质根美观鲜艳，直径达2厘米即可开始陆续收获，但要注意在不同栽培季节收获时间不同，因此要注意及时收获，过早影响产量，过迟纤维增多易产生裂根、糠心。采收时可用刀轻切莲座叶和非食用根，轻拿轻放，严防磕碰，装箱待售或洗净泥土后包装进入超市。

7）栽培中应注意的问题。

①春季栽培：春季播种过早，由于地温低，种子生命活动微弱，水分浸泡时间过长，易于腐烂，不能全苗。而且，播种过早，也会发生未熟抽薹，降低肉质根产量和品质。

②夏季栽培：一般需用遮阳网覆盖，起到防雨、降温的作用。在夏季栽培中应特别注

意合理用水,这是栽培成败的关键。幼苗期,保持土壤含水量70%左右,要掌握少浇勤浇的原则。从直根破肚至露肩时期,供水量适当增加。根部生长盛期,应充分均匀浇水,土壤湿度控制在70%～80%。若供水不均匀,则易引起萝卜开裂。另外,浇水宜在清晨或傍晚进行,切忌中午浇水。

（三）萝卜测土配方优化施肥技术

萝卜测土配方优化施肥技术分为测土配方优化施肥技术和有机肥料替代部分化学肥料技术两部分内容。

1.土壤样品采集与处理

（1）采样深度及时间。通常采样深度为0～20厘米,样品采集时间安排在萝卜播种前1个月进行。

（2）采样方法。采样前先了解采样区域土壤类型、种植模式、种植年限、区域面积等基础信息,根据这些信息决定样品采集布局。具体每个采样田块的采样方法是:长方形地块用"之"字形或"S"形,近似矩形田块可用对角线形或棋盘形等采样法,既保证样点分布均匀,又使所走距离最短;采样时应严格掌握小样点的点数及其分布的均匀性;每个地块一般取10～15个小样点组成一个混合样,通常称为1个"农化样";对于面积较小、地力水平又较均匀的地块,一般也不应少于10个采样点,而且每个小样点的采土部位、深度、样品数量应力求一致;采样时要避开沟渠、田埂、路边、旧房基、粪堆底以及微地形高低不平等无代表性的地段。

同一地块的每个小样点土壤装入同一防水盛样容器,挑出根系、小石块、虫体等杂物后,在田边把样品充分混合,根据样品含水状况用四分法弃去多余部分,保证最后有1千克风干土样,然后装入另一个清洁塑料袋,在袋口上挂好标签,标签上应注明采样地点、采样时间、地块编号、采样人等信息,扎紧袋口,最后把样品袋再放入另一个塑料袋或者布袋,防止样品袋在运输过程中破损。如图31、32。

（3）取样地块调查表填写。每一取样地

图31　土壤剖面调查

图32　土壤肥力取样

块都要建立地块档案，在田间访问群众时及时填写，这对掌握每一块地的种植历史、产量状况、养分状况、指导施肥、积累系统资料都有重要意义。地块档案信息主要项目包括：地块名称、地块编号、地块 PS 信息（经纬度）、农户信息、土壤类型（精确到土属）、当地土名（群众俗名）、质地、地形、灌排条件、种植模式、产量水平（前 3 年产量平均值）等。

（4）样品处理。从田间采回来的土样应及时（24 小时以内进行）进行登记、整理和风干，以免错、漏、丢失和引起样品发霉、性质改变。风干应在清洁、阴凉、通风的房内将土样摊成薄层铺在干净的橡胶垫上或大瓷盘中进行，并经常翻动、捏碎，除尽杂物，促进干燥。风干样品先过 20 目筛，混匀后从中取一小部分，再过 100 目筛，贴好标签，装瓶分析备用。

2.土壤测定项目及方法

（1）土壤分析指标。土壤必测项目包括土壤质地、pH 值、有机质、全氮、碱解氮、有效磷、速效钾、有效硼、有效锌等土壤基本属性和养分指标，选测项目包括全磷、全钾、缓效钾、交换性钙、交换性镁、有效硫、有效铁、有效锰、有效铜、有效钼、有效氯等土壤养分指标，以及重金属（铅、汞、砷、镉、铬）和农残（有机氯、有机磷）等土壤环境指标。

（2）测试分析方法。土壤分析采用常规方法，一般参照国家标准或农业行业标准，常规项目分析方法详见表 2。

3.土壤肥力评价及施肥方案的制定

萝卜全生育期施肥量根据土壤养分水平和预期产量水平（预期产量是在没有严重病虫草害发生的条件下，前 3 年农户习惯施肥条件下萝卜产量的平均值）确定；肥料施用时期根据萝卜全生育期养分吸收分配特征、不同肥料的特性以及肥料养分在土壤中的化学行为以及农民施肥习惯综合确定。

为了响应国家"减肥减药"号召，切实增强土壤可持续利用能力，减轻因化学肥料的不合理施用带来的系列环境问题，应大力提倡因地制宜施用有机肥料，减少化学肥料的使用量。但施用有机肥应特别注意磷肥过量施用的问题，如果盲目大量施用，会使土壤累积大量的磷素，反而会引发更为严重

图33 不同肥力水平试验

的面源污染问题。

开展多年肥力试验,如图33,根据肥力试验结果、测土配方的结果、有机肥养分流失风险评估结果,并充分考虑当地有机肥主要品种以及有机肥施用的可操作性等因素的基础上,制定适合当前土壤肥力水平,春萝卜目标产量为4500千克/亩、秋萝卜目标产量为5500千克/亩的萝卜测土配方施肥技术方案,具体如下。

（1）优化肥料养分配方。根据荆门市萝卜土壤养分状况和产量水平,春萝卜氮磷钾肥料配方以氮-五氧化二磷-氧化钾为8-4-8千克/亩为宜,并补充硼肥、锌肥;秋萝卜氮磷钾肥料配方以氮-五氧化二磷-氧化钾为11-6-10千克/亩为宜,并补充硼肥、锌肥。

（2）肥料推荐用量。当前荆门地区蔬菜上常用有机肥多为商品有机肥,其氮、五氧化二磷和氧化钾的干基含量为3%、1%和2%,水分含量为20%,本技术方案中有机肥均为该商品有机肥。

1）以有机肥和单质肥料为主要肥源的春萝卜推荐肥料配方:有机肥100千克/亩、尿素13.7千克/亩（如用碳铵则施用量为37.0千克/亩）、过磷酸钙21.3千克/亩、硫酸钾14.2千克/亩;

2）以有机肥和单质肥料为主要肥源的秋萝卜推荐肥料配方:有机肥150千克/亩、尿素18.4千克/亩（如用碳铵则施用量为50千克/亩）、过磷酸钙32.0千克/亩、硫酸钾16.9千克/亩。

3）以有机肥和复合肥为主要肥源的春萝

表2　常规分析方法

测定项目	测定方法
土壤质地	吸管法
pH 值	pH 计、复合电极法
有机质	重铬酸钾—硫酸氧化容量法（外热源法）
全量氮磷钾	氮、磷：浓硫酸＋催化剂消解,连续流动分析法
钾	强碱融熔,火焰光度计法
碱解氮	碱解扩散法,半微量滴定
有效磷	碳酸氢钠浸提,钼锑抗比色法（或者连续流动分析仪测定法）
速效钾	乙酸铵浸提,火焰光度计法
缓效钾	热硝酸浸提,火焰光度计法
有效硼	热水浸提,姜黄素比色法
有效锌、铜、铁、锰	DTPA提取,原子吸收分光光度法
交换性钙、镁	乙酸铵浸提,原子吸收分光光度法
有效钼	极谱法
有效氯	超纯水（UP）浸提—连续流动分析法

卜推荐肥料配方：有机肥100千克/亩、3个15的复合肥21.3千克/亩、尿素6.8千克/亩、硫酸钾7.1千克/亩；

4）以有机肥和复合肥为主要肥源的秋萝卜推荐肥料配方：有机肥150千克/亩、3个15复合肥32.0千克/亩、尿素8.0千克/亩、硫酸钾6.2千克/亩。

（3）优化的施肥时期。农户施肥习惯是所有肥料一次性底施。为了提高肥料利用率，并使养分供应符合萝卜需肥规律，提高萝卜产量和品质，建议有机肥、复合肥和磷肥底施，尿素（或者碳铵）和硫酸钾在破肚期施用。

（4）适宜的施肥方法。基肥在萝卜播种前一周均匀撒施于田面，然后旋耕让肥料与土壤充分混合，使"肥肥土、土肥苗"；施肥前还应关注当地天气变化，避免在施肥后一周内出现大的降雨。

（四）萝卜机械化轻简化种植技术

1.栽培季节

秋萝卜播期为8月24日至10月10日。9月5日至9月10日为最宜播种期。前茬避免与十字花科作物连作。以花生、黄豆、芝麻等前茬作物为宜。春萝卜播期为立春后2月6日至3月20日。

2.地块选择

精量播种作业要求在平整地块上进行。耕整地可在秋季或春季进行，耕深35厘米，土壤湿度应能保证机组正常工作，黏性土壤绝对含水率一般不超过15%。

3.种子精选

精量播种作业要求播种的萝卜种子必须经过精选，去掉杂质和小粒，取样种作发芽试验，其发芽率不得小于98%，且播种前进行种子包衣，虫害多的地区播种前进行药液浸种或农药拌种，防治病虫害。

4.施肥

土地深耕35厘米，平整后撒肥，每亩硫酸钾复合肥（氮-磷-钾含量为15-15-15）50千克，生物有机肥40千克/亩，钙镁磷50千克/亩，硼肥2千克/亩，如图34。

5.播种前准备

（1）精播机检查。播种作业前，要求对精播机进行全面检查、调整和保养。主要包括清理播种机上各部件的杂物、泥土，各润滑部位应加注润滑油等。

（2）工作部件位置的调整。

图34　机械施肥

1）开沟器的调整。使用调整垫片调整开沟器和种子打孔器处于平行位置状态,位置距离一般为10厘米。

2）梁架高度的调整。可改变地转交臂与梁架的夹角,通过松开固定螺栓使梁架达到要求高度,然后紧固。

3）三角皮带松紧度的调整。工作前和使用一段时间后风机的传动主角皮带应进行调整。调整后拨动风机叶轮,以叶轮不刮擦壳体为宜。

4）传动部分的调整。通过使用调整垫,按照精播机使用说明书要求进行调整,使整机方轴传动系统转动灵活,各齿轮支座中心同心。调整后,转动地轮,全部传动和转动部件应灵活可靠。

5）株距调整。根据萝卜品种特性,通过更换链轮改变传动比和更换不同孔数的排种盘调整播种萝卜株距。

6）排种粒数的调整。松开刮种器固定柄螺母,转动刮种器螺杆,开动风机,转动地轮,使其下种,在排种盘上每孔只吸附一粒种子,然后锁固螺母。每行均应进行调整,如图35。

7）开沟深度的调整。将限位板固定在镇压轮弹簧杆末端,然后调整弹簧杆柄孔眼位置,即可达到适宜的深度,如图36。

8）覆土量的调整。改变复土板弹簧的挂接孔位置即可调整。

9）镇压轮的调整。可调节镇压轮深度调节板弹簧压力。

10）精播机与拖拉机挂接调试。调节中央拉杆、左右吊杆,使精播机主梁纵向和横向都处在水平位置。拖拉机悬挂机构吊杆需放在长孔内,以使精播机保持横向方向,悬挂装置应能使精播机准确可靠地起、落。通过中央拉杆调整开沟器入土角,使其前倾1°～2°角为宜。

11）操作人员要求。精播机操作人员由驾驶员和辅助人员组成,一台机组2～3人。拖拉机驾驶员和播种作业人员须经过精播机基本知识培训,合格后方可驾驶和操作。播种作业人员还应熟悉播种的萝卜子粒性状及农艺要求、肥料与土壤的适应情况。

（3）精量播种操作规程。

1）精播机安装、调试完毕后,应做最后一遍检查,查看紧固螺栓、螺母有无松动现象,

图35　播种机

图36　开沟起垄

与配套拖拉机连接部分是否安全可靠,一切正常后方可进行试播种。

2)精播机调整准备完毕后进行试播,检查排种的行株距、排种重播率、播种深度及施肥状况等,各项性能指标全部符合播种作业质量要求后,即可投入正常播种作业,否则须进行重新调整。

3)播种作业过程中遇有转弯、调头及在路面行走时,须将精播机缓慢提升到离地面一定高度,防止工作部件与地面碰撞,工作时缓慢放下,不得撞击,以免损坏机件。地头转弯不停风机时,液压悬挂不得提得过高,即万向节传轴与水平夹角不得超过30°,如图37。

4)每班作业前应检查排种器,随时清除种盘上吸孔被种子或杂物堵塞现象,搬动后须检查刮种器固定位置是否牢固。

5)拖拉机与精播机配套作业过程中在地头缓慢下落精播的同时,立即开动动力辅助轴,使风机达到正常转速,尽量保持地头播齐。起动风机之前,用手转动万向联

轴节,确认风机无卡死等异常现象后方可起动。

6)精播机作业时,液压手柄应置于浮动位置,机车要保持匀速前进,一般中型拖拉机推荐为6～8千米/小时。播种中途不得停车,如障碍停车,要提起精播机,后退3米补种。地头要人工补种。

6.精量播种技术要点

(1)播种深度。萝卜播种深度以0.5厘米为宜。

(2)镇压。辅以碌子镇压,可根据土壤墒情及压实程度而定,镇压时土壤含水率以13%～18%为宜。

(3)播种。萝卜播种量以每亩用种量均为50～150克为宜。单行行宽(沟对沟)60厘米,株距13厘米,每亩9600株;双行行宽(沟对沟)95厘米,株距13～15厘米,每亩10000～11600株。

7.中耕除草

宜选择晴天中耕除草2～3次,植株封行后停止中耕除草。

8.水分管理

播后立即灌水,采用膜下滴灌,土壤有效含水量宜在80%以上。苗期土壤有效含水量宜在60%以上。肉质根膨大盛期需水量,最大土壤有效含水量宜在70%～80%。

图37 机械播种

9.病虫害防治

（1）防治原则。按照"预防为主，综合防治"的植保方针，坚持以"农业防治、物理防治、生物防治为主，化学防治为辅"的无害化治理原则，不同类型农药应交替使用，遵守农药使用安全期规定，不得使用禁用和限用农药。

（2）主要病虫。主要病害有黑腐病、霜霉病和病毒病等。主要害虫有黄曲条跳甲、蚜虫、小菜蛾、菜青虫、斜纹夜蛾、烟粉虱等。

（3）农业防治。选用抗病品种，实施轮作制度，采用深沟高畦，合理密植。

（4）物理防治。可以用黄板和杀虫灯诱杀等物理方式来防治。

（5）生物防治。菜青虫等可用赤眼蜂等天敌防治。也可使用植物源农药如苦参碱、印楝素等和生物源农药如农用链霉素、新植霉素等生物农药防治病虫害。

（6）化学防治。化学防治方法参见萝卜病虫害及其防治章节。不同药剂应交替使用。

10.采收

当萝卜圆头时，根据市场行情，选择晴好天气及时采收。

（五）萝卜主要虫害及其防治

1.菜青虫

（1）形态特征。成虫为菜粉蝶，体灰黑色，翅白色，顶角灰黑色，雌蝶前翅有2个显著的黑色圆斑，雄蝶仅有1个显著的黑斑，如图38。卵初产乳白色，后变橙黄色。幼虫体青绿色，背线淡黄色，腹面绿白色。蛹纺锤形，中间膨大而有棱角状突起，体绿色或棕褐色，如图39。

（2）生活习性。长江流域5～9代。各地多以蛹越冬，大多在菜地附近的墙壁屋檐下或篱笆、树干、杂草残株等处，一般选在背阳的一面。翌春4月初开始陆续羽化，边吸食花蜜边产卵，以晴暖的中午活动最盛。卵散产，多产于叶背，平均每雌产卵120粒左右。菜青虫发育的最适温度为20～25℃，相对湿度76%左右。

图38　菜粉蝶成虫

图39　菜粉蝶幼虫

（3）为害特点。幼虫食叶，2龄前只能啃食叶肉，留下一层透明的表皮，3龄后可蚕食整个叶片，轻则虫口累累，重则仅剩叶脉，影响植株生长发育，造成减产。

（4）防治方法。

1）采用防虫网。

2）生物防治。①提倡保护菜粉蝶的天敌昆虫，保护天敌对菜青虫数量控制十分重要，利用菜粉蝶的天敌，可以把菜粉蝶长期控制在一个低水平，不引起经济损失、不造成危害的状态。重点保护利用凤蝶金小蜂、微红绒茧蜂、广赤眼蜂、澳洲赤眼蜂等天敌。②用菜粉蝶颗粒体病毒防治菜青虫。每亩用染有此病毒的5龄幼虫尸体10～30条，3～5克，捣烂后兑水40～50升，于1～3龄幼虫期、百株有虫10～100头时，喷洒到十字花科蔬菜叶片两面。萝卜从定苗至收获共喷1～2次，花椰菜、甘蓝、芥蓝从定植至收获共喷3～4次，每次间隔15天。③提倡喷洒1%苦参碱醇溶液800倍液、0.2%苦皮藤素乳油1000倍液或5%黎芦碱醇溶液800倍液、2.5%鱼藤酮乳油100倍液。也可喷洒青虫菌6号悬浮剂800倍液、绿盾高效苏云金杆菌8000IU/毫克可湿性粉剂600倍液、0.5%楝素杀虫乳油800倍液。使用苏云金杆菌等生物农药，施药时间应在为害高峰前2～3天，并注意避开强光照、低温及暴雨。④提倡采用昆虫生长调节剂，如20%除虫脲或25%灭幼脲3号悬浮剂600～1000倍液，这类药一般作用缓慢，通常在虫龄变更时才使害虫死亡，因此应提前几天喷洒，药效可持续15天左右。

3）药剂防治。首选5%氟虫腈悬浮剂1500倍液或15%茚虫威悬浮剂3000倍液、1.8%阿维菌素乳油4000倍液、10%氯氰菊酯乳油2000倍液、52.25%毒死蜱·氯氰菊酯乳油2000倍液、2.5%多杀菌素悬浮剂1500倍液、1%阿维菌素乳油2000～3000倍液。

2.小菜蛾

（1）形态特征。成虫为灰褐色小蛾，翅狭长，两翅合拢时呈三个接连的菱形斑，如图40。卵扁平，椭圆状，黄绿色。老熟幼虫体长约10毫米，黄绿色，体节明显，两头尖细，整个虫体呈纺锤形，并且臀足向后伸长，如图41。蛹黄绿色至灰褐色，茧薄如网。

（2）生活习性。长江以南9～14代，长江及其以南地区无越冬、越夏现象，翌春5月羽

图40　小菜蛾成虫

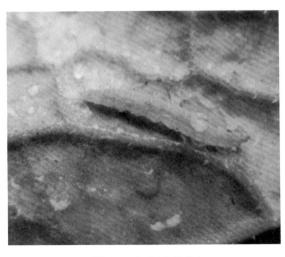

图41　小菜蛾幼虫

化, 成虫昼伏夜出, 白天仅在受惊扰时, 在株间作短距离飞行。平均每雌产卵100～200粒, 卵散产或数粒在一起, 多产于叶背脉间凹陷处, 卵期3～11天。幼虫遇惊扰即扭动、倒退或翻滚落下。老熟幼虫在叶脉附近结薄茧化蛹, 蛹期约9天。小菜蛾的发育适温为20～30℃, 长江流域以3～6月份和8～11月份为两次高峰期。

（3）为害特点。初龄幼虫仅能取食叶肉, 留下表皮, 在菜叶上形成一个个透明的斑, 俗称"开天窗", 3～4龄幼虫可将菜叶食成孔洞和缺刻, 严重时全叶被吃成网状。在苗期常集中心叶为害, 影响生长。在留种菜上, 为害嫩茎、幼荚和子粒, 影响结实。是我国南方十字花科蔬菜上最普遍、最严重的害虫之一。初孵幼虫潜入叶肉取食, 2龄初从隧道中退出, 取食下表皮和叶肉, 留下上表皮呈"天窗"。3龄后可将叶片吃成孔洞, 严重时仅留叶脉。

（4）防治方法。

1）农业防治: 合理布局, 尽量避免小范围内十字花科蔬菜周年连作, 以免虫源周而复始。对苗田加强管理, 及时防治, 避免将虫源带入本田。蔬菜收获后, 要及时处理残株败叶或立即翻耕, 可消灭大量虫源。

2）物理防治。小菜蛾有趋光性, 在成虫发生期, 每亩设置一盏杀虫灯, 可诱杀大量小菜蛾, 减少虫源。

3）提倡使用防虫网。

4）生物防治。①用苏云金杆菌防治小菜蛾。于幼虫3龄前（菜田要掌握该虫发育进程以确定防治适期, 于卵盛期后7～15天, 即卵孵化盛期至1～2龄幼虫高峰期）喷洒苏云金杆菌, 即每克含活芽孢100亿或150亿的苏云金杆菌可湿性粉剂或悬浮剂, 每亩用100～300克, 稀释500～1000倍液喷雾。②HD-1制剂（苏云金杆菌的一个变种, 即库尔斯泰克）。该制剂含活孢子数为每克129亿, 1:1000倍液, 每亩喷75升, 气温25℃, 48小时防效90%。③用性诱剂防治小菜蛾。把性诱剂放在诱芯里, 利用诱捕器诱捕小菜蛾。④掌握在卵孵盛期至2龄幼虫发生期, 往叶背或心叶喷洒0.2%苦皮藤素乳油1000倍液或0.5%黎芦碱醇溶液800倍液、0.3%印楝素乳油1000倍液、0.6%苦参碱水剂300倍液、25%灭幼脲悬浮剂1000倍液、5%氟虫腈悬浮剂2000～2500倍液、2.5%多杀菌素悬浮剂1500倍液、10%虫螨腈悬浮剂1200～1500倍液。防治抗性小菜蛾可用5%氟虫腈悬浮剂1500倍液、15%茚虫威悬浮剂3500倍液、0.5%甲胺基阿维菌素苯甲酸盐乳油2000倍液、1.8%阿维菌素乳油4000倍液、24%甲氧虫酰肼悬浮剂2500倍液、1%阿维菌素乳油3000倍液、20%氟铃辛乳油1000～1500倍液。交替使用或混用, 以减缓抗药性产生。

3.斜纹夜蛾

（1）形态特征。别名莲纹夜蛾、莲纹夜盗蛾。成虫深褐色, 胸部背面有白色丛毛, 腹部前数节背面中央具有暗褐色丛毛。前翅灰褐色, 有3条白色斜线, 故名斜纹夜蛾, 后翅白色, 无斑纹。卵扁半球形, 初产黄白色, 后转淡绿, 孵化前紫黑色。卵粒集结成3～4层的卵块, 外覆灰黄色疏松的绒毛。老熟幼虫体长35～47毫米, 头部黑褐色, 胴体土黄色、青黄色、灰褐色或暗绿色。

（2）生活习性。在长江流域5～6代, 多在7～8月份大发生。成虫夜间活动, 飞翔力强, 一次可飞数十米, 高达10米以上。成虫有趋光性, 并对糖醋酒液及发酵的胡萝卜、麦芽、豆饼、牛粪等有趋性。成虫需补充营养, 取食糖蜜的平均产卵577.4粒, 未能取食者只能产数粒。卵多产于高大、茂密、浓绿的边际作物上，以植株中部叶片背面叶脉分叉处最多。初孵幼虫集群取食，3龄前仅食叶肉，残留上表皮及叶脉，呈白纱状后转黄，易于识别。4龄后进入暴食期，多在傍晚出来为害。幼虫共6龄。老熟幼虫在1～3厘米表土内做土室化蛹，土壤板结时可在枯叶下化蛹。斜纹夜蛾的发育适温为29～30℃，因此各地严重为害时期皆在7～10月份。

（3）为害特点。幼虫食叶、花蕾及花果实，严重地是可将全田的作物吃光。

（4）防治方法。

1）全程用防虫网覆盖可大大减少虫量。

2）采用灯光诱杀，大面积种植的地区可以安装频振式诱虫灯或双光雷达向控害虫诱虫灯，要求每天早晨清理诱虫袋，防止害虫逃逸。零星栽培的小块田不提倡，防止把其他害虫诱过来，造成为害。

3）重点防治3～4代，防治适期可据田间卵量消长确定用药时间及防治次数。

4）提倡用生物农药10亿PIB（蛋白质结晶状多用体病毒）/毫升苜蓿银纹夜蛾核型多角体病毒600～800倍液，对3～4龄幼虫防效高。也可用5%啶虫隆乳油1500倍液、5%氟虫脲乳油2000倍液、24%甲氧虫酰肼悬浮剂2500倍液、5.7%氟氯氰菊酯乳油1500倍液、1%甲氨基阿维菌素苯甲酸盐乳油4000倍液、15%茚虫威悬浮剂3500倍液、5%虱螨脲乳油1000倍液。

4.甜菜夜蛾

（1）形态特征。别名贪夜蛾。成虫前翅灰褐色，后翅白色，翅脉及缘线黑褐色。卵圆球状，白色，成块产于叶面或叶背，8～100粒不等，排为1～3层，外面覆有雌蛾脱落的白色绒毛，因此不能直接看到卵粒。幼虫体长约22毫米，体色绿色、暗绿色、黄褐色、褐色至黑褐色。蛹黄褐色。

（2）生活习性。成虫夜间活动，最适发育温度20～23℃、相对湿度50%～75%。有趋光性。成虫每雌可产100～600粒。幼虫共5～6龄。3龄前群集为害，但食量小。4龄后，食量大增，昼伏夜出，有假死性。虫口过大时，幼虫可互相残杀。老熟幼虫入土，吐丝筑室化蛹，蛹发育历期7～11天。

（3）为害特点。初孵幼虫群集叶背，吐丝结网，在其内取食叶肉，留下表皮，成透明的小孔。3龄后可将叶片吃成孔洞或缺刻，严重时仅余叶脉和叶柄，致使菜苗死亡，造成缺苗断垄，甚至毁种。

（4）防治方法。

1）用频振式杀虫灯或性诱剂，能使菜田蔬菜害虫大大减少，农药使用量大大降低。

2）提倡采用防虫网，防治甜菜夜蛾，兼治其他害虫。

3）采用黑光灯诱杀成虫。

4）生物防治：①用赤眼蜂防治甜菜夜蛾。产卵初期亩释放赤眼蜂1.5万头。②提倡用灭幼脲防治甜菜夜蛾。用20%灭幼脲200毫克/千克，防效90%以上。③喷洒苏云金杆菌乳剂300倍液加50%辛硫磷乳油2000倍液或0.5%印楝素乳油800倍液、10%虫螨腈悬浮剂1000～1500倍液、1%甲氨基阿维菌素苯甲酸盐乳油5000倍液。

5）人工采卵和捕捉幼虫。

6）药剂防治：幼虫3龄前，选晴天于日落时喷洒5%虱螨腈乳油或2.5%高效氟氯氰菊酯乳油2000倍液、24%甲氧虫酰肼悬浮剂2500～3000倍液、30%毒死蜱·阿维乳油1000倍液或2.5%多杀菌素悬浮剂1300

倍液、15%茚虫威悬浮剂3500～4500倍液或10%高效氯氰菊酯乳油1500倍液、5%顺式氯氰菊酯乳油3000倍液、39%辛硫磷·阿维乳油1000倍液、20%虫酰肼悬浮剂1000倍液、52.25%毒死蜱·氯氰菊酯乳油1500倍液、1%阿维菌素乳油1500倍液。该虫有假死性、避光性,喜在叶背为害,喷药时要均匀,采用"三绕一扣,四面打透"的方法,并注意轮换交替用药,防止产生抗药性。对多杀菌素产生抗药性的或防治高龄幼虫时用多杀菌素1000倍液加毒死蜱、氯氰菊酯乳油1000倍液,还可兼治多种蔬菜害虫。使用多杀菌素时每季只能使用2次。提倡使用10亿PIB/毫升苜蓿银纹夜蛾核型多角体病毒600～800倍,防治效果好。

5.蚜虫

(1)形态特征。萝卜蚜、桃蚜和甘蓝蚜等的统称,虫体小,体长约2毫米,体色为绿、黄绿、暗绿。蚜虫分有翅和无翅两种,无翅胎生雌蚜体长1.5～1.9毫米,体色夏季黄绿色,春秋多为深绿色,体表常有薄腊粉,如图42。有翅胎生雌蚜体长1.2～1.9毫米,体色黄、浅绿或蓝黑色,前胸背板及胸部黑色。卵椭圆形,初产为橙黄色,后变为漆黑色,有光泽。

图42 无翅蚜虫

(2)生活习性。在在长江流域达数十代,蚜虫对黄色、橙色有强烈的趋向性,对银灰色有负趋性,蚜虫在天气干旱、闷热时发生严重。以无翅胎生雌蚜在地里产卵越冬。翌春4月下旬产生有翅蚜,迁飞至其他十字花科蔬菜作物上继续胎生繁殖,扩大危害,至10月下旬进入越冬。一般在春秋两季各有一个发生高峰。秋末冬初气温下降,菜蚜又从侨居寄主迁回越冬寄主上产卵越冬。蚜虫消长与温、湿度有密切关系。气温16～25℃,相对湿度为75%～85%时繁殖最快,是其生长最适宜的气候条件,4～6天就可繁殖二代。故较干旱的气候条件利于其发生,而雨水多,湿度大,对其发生不利。尤其是大雨、暴雨能迅速降低菜蚜虫口密度,不利于其发生。杂草多、离越冬寄主近、窝风的菜园地往往发生重。

(3)为害特点。蚜虫喜欢群居叶背、花梗及嫩茎上,以刺吸式口器吸食植物汁液,其繁殖力强,又群聚为害;苗嫩叶及生长点被害后,常造成叶片卷缩、变形、变色,菜苗萎蔫,植株生长不良,造成减产。蚜虫吸食时还会排出蜜露污染叶片,影响光合作用。对留种植株来说,蚜虫可使花梗扭曲畸形,影响结实。同时又可传播多种病毒,引起病毒病的发生,造成的危害远远大于蚜害本身。

(4)防治方法。

1)利用七星瓢虫迁入菜田捕食蚜虫,也可用毒力虫霉菌、烟蚜茧蜂防治菜蚜。

2)灭草防蚜。冬春季彻底清洁田园,消灭越冬卵,降低虫口基数。

3)诱避防蚜。田间设置黄板诱杀,采用银灰色地膜避蚜,效果较好。

4)加强监测。田间点片发生,或当有蚜株率达20%～30%,每株有蚜虫10～20头时及时防治，早期防治应注意保护天敌，可用烟碱、鱼藤精等植物性农药防治。

5）药剂防治：用10%吡虫啉可湿性粉剂1500～2000倍液，或25%抗蚜威乳油3000倍液，或27%皂素烟碱乳油300～400倍液，或1%苦参碱水剂1000倍液，或25%噻虫嗪水分散粒剂6000～7000倍液，或3.5%氟氰·溴乳油1000倍液、25%吡·辛乳油1500倍液、2.5%高渗吡虫啉乳油1200倍液、3%啶虫脒乳油2000倍液。在菜田蚜茧蜂成虫较少季节，可优先选用5%天然除虫菊酯乳油2000倍液。

6.黄曲条跳甲

（1）形态特征。别名菜蚤子、土跳蚤、黄跳蚤、狗虱虫、黄曲条菜跳甲、黄曲条跳甲。成虫为黑色小甲虫，翅上各有一条黄色纵斑，中部狭而弯曲。后足腿节膨大，因此善跳，胫节、跗节黄褐色。卵椭圆形，淡黄色，半透明，如图43。老熟幼虫体长约4毫米，长圆筒形，黄白色，各节具不显著肉瘤，生有细毛。蛹椭圆形，乳白色，头部隐于前胸下面，如图44。

（2）生活习性。以成虫在落叶、杂草中潜伏越冬。翌春气温达10℃以上开始取食，达20℃时食量大增。成虫善跳跃，高温时还能飞翔，以中午前后活动最盛。有趋光性，对黑光灯敏感。成虫寿命长，产卵期可达1个月以上，因此世代重叠，发生不整齐。卵散产于植株周围湿润的土隙中或细根上，平均每雌产卵200粒左右。幼虫需在高湿情况下才能孵化，因而近沟边的地里多。幼虫孵化后在3～7厘米的表土层啃食根皮，幼虫共3龄。老熟幼虫在3～7厘米深的土中作土室化蛹。全年以春秋两季发生严重，并且秋季重于春季，湿度高的菜田重于湿度低的菜田。

（3）为害特点。萝卜是黄曲条跳甲喜食的作物，在十字花科蔬菜中受害最重，随着春、夏、秋萝卜生产的不断发展，黄曲条跳甲食料丰富，发生量大增。成虫食叶，以幼苗期为害最严重。刚出土的幼苗，子叶被吃后，整株死亡，造成缺苗断垄。在留种地主要为害花蕾和嫩荚。幼虫只害菜根，蛀食根皮，咬断须根，使叶片萎蔫枯死。

（4）防治方法。

图43 黄曲条跳甲幼虫

图44 黄曲条跳甲成虫

1）提倡采用防虫网，防治黄曲条跳甲，兼治其他害虫。

2）农业防治。一是选用抗虫品种。二是清除菜地残株落叶，铲除杂草，消灭其越冬场所和食料基地。三是播前深耕晒土，造成不利于幼虫生活的环境并消灭部分蛹。

3）提倡喷洒2.5%鱼藤酮乳油500倍液、0.5%苦楝素杀虫乳油800倍液、1%苦参碱醇溶液500倍液、3.5%氟腈·溴乳油1500倍液、24%阿维·毒乳油2500倍液、10%高效氯氰菊酯乳油2000倍液、48%毒死蜱乳油1000倍液、52.25%毒死蜱·氯氰菊酯乳油1000倍液、90%敌百虫1000倍液、50%辛硫磷乳油1000倍液，可防治成虫，后两种药剂还可用于灌根防治幼虫。使用敌百虫的，采收前7天停止用药。

4）铺设地膜，避免成虫把卵产在根上。

7.菜螟

（1）形态特征。成虫体长7毫米，灰褐色，前翅有3条白色横波纹。菜螟的卵为椭圆形，很小。幼虫体长12～14毫米，头部黑色，身体淡黄色。每年可发生数代。

（2）生活习性。成虫昼伏夜出，卵常产在初出土幼苗新生长出来的第1～3片真叶背面的皱凹处。刚孵化的幼虫潜叶为害；2龄后钻出叶面，取食心叶；4或5龄时由心叶或叶柄蛀入茎髓及根部为害。8～9月份，干旱少雨，温度偏高，3～5叶的幼苗受害最重。气温在24℃以下，相对湿度超过70%时，幼虫将大量死亡。

（3）为害特点。在秋播白萝卜上发生较多，俗成钻心虫，苗期为害较严重。以幼虫咬食幼苗生长点和蛀食幼苗茎髓，使幼苗生长停滞或死亡。一般年份的为害株率都在30%

左右，严重地区和地块常常高达70%以上，尤以南方发生较重。

（4）防治方法。首先深翻土壤，清洁园田，消灭表土和枯枝残株上的虫卵或幼虫。其次，可以通过调整播种期，使萝卜3～5叶幼苗期与菜螟高发期错开。在栽培管理上，及时浇水，增加田间湿度，不给菜螟发生的适宜条件。一旦发生，应及时用药。可用20%灭杀菊酯4000倍液、2.5%溴氰菊酯2500倍液、40%氧戊菊酯乳油6000倍液、25%亚胺硫磷乳油700～800倍液、75%辛硫磷3000～4000倍液、21%增效氧马乳油（灭杀毙）、2.5%功夫乳油4000倍液喷杀。

8.潜叶蝇

（1）形态特征。俗名夹叶虫、叶蛆、鬼画符，别名斑潜蝇。成虫是一种小蝇，体长1.3～2.3毫米，翅长1.3～2.3毫米，暗灰色，眼红褐色，翅透明有紫色闪光。卵长卵圆形，灰白色。幼虫蛆状，初孵时白色半透明，后为鲜橙黄色。在叶片里潜食叶肉，形成弯曲的小潜道，老熟后在潜道的末端化蛹。蛹椭圆形，橙黄色，长1.3～2.3毫米。

（2）生活习性。每年2～6月份进入发生盛期，4月达高峰，幼虫老熟后从为害处钻出，在叶表或潜入土中化蛹，主要为害十字花科蔬菜，主要天敌有黄金小翅蜂科和小茧蜂科。

（3）为害特点。成虫把卵产在叶部组织里，幼虫在叶肉与表皮之间潜食，形成曲线形白色食痕，有的潜痕密布，致叶片黄化或焦枯。成、幼虫均可为害，雌成虫把植物叶片刺伤，进行取食和产卵，幼虫潜入叶片和叶柄为害，产生不规则蛇形的白色虫道，破坏叶绿素，影响光合作用，受害重的叶片脱落，花芽、果实受伤，严重的甚至造成毁苗绝收。

（4）防治方法。

1）农业防治。清除田间杂草；在害虫发生高峰期，摘除带虫叶片销毁；依据其趋黄习性，利用黄板诱杀。

2）生物防治。始发期，用每克含160亿活孢子的苏云金杆菌乳剂250～300倍液喷雾；利用寄生蜂防治。

3）化学防治。当叶片出现小潜道时用药，选择5%卡死克乳油或5%抑太保乳油2000倍液，或1.8%爱福丁乳油3000～4000倍液喷雾。

9.蜗牛

（1）形态特征。别名水牛。贝壳中等大小，壳质厚，坚实，呈扁球形。卵圆球形直径2毫米，乳白色有光，渐变淡黄色，近孵化时为土黄色。

（2）生活习性。是我国常见的为害农作物的陆生软体动物之一，我国各地均有发生。生活于潮湿灌木丛、草丛中、田埂上、乱石堆里、枯枝落叶下、作物根际和土缝中，以及温室、菜窖、畜圈附近的阴暗潮湿、多腐殖的环境，适应性极广。一年繁殖1代，多在4～5月份产卵，多产在根际疏松湿润的土中、缝隙中、枯叶或石块下。每个体可产卵30～235粒。成螺大多蛰伏在作物秸秆堆下面或冬作物的土中越冬，幼体也可在冬作物根部土中越冬。

（3）为害特点。初孵幼螺只取食叶肉，留下表皮，稍大个体则将叶、茎舐磨成小孔或将其吃断。

（4）防治方法。可选用5%四聚乙醛颗粒剂，每亩用药500～750克或3%灭梭威颗粒剂

800～900克拌细干土15～20千克，于傍晚撒在受害株旁。用药时气温15～35℃，菜地浇水后或有小雨效果好。清晨可喷洒96%硫酸铜液900倍液。

10.蝼蛄

（1）形态特征。俗名拉拉蛄、土狗。在我国为害十字花科菜的主要是华北蝼蛄和东方蝼蛄两种。蝼蛄是不完全变态昆虫。华北蝼蛄卵孵化前暗灰色，若虫体黄褐色，腹部近圆筒形，体黄褐色，布有黄褐色细毛。东方蝼蛄卵孵化前暗紫色，若虫体灰褐色，腹部近纺锤形，成虫体长30毫米左右，体淡灰褐色，布灰褐色细毛。

（2）生活习性。东方蝼蛄在江西、四川、江苏等地1年发生1代，而在陕西、山东、辽宁等地2年发生1代，华北蝼蛄约3年完成1代。两种蝼蛄均以成虫或若虫在地下越冬，其深度取决于冻土层的深度和地下水位的高低，即在冻土层以下和地下水位以上。第二年3月下旬至4月上旬，随地温的升高而逐渐上升，到4月上中旬即进入表土层活动，是春季调查虫口密度和挖洞灭虫的有利时机。在温室或温床里，温度上升快，蝼蛄提前为害瓜苗。4月下旬至5月上旬，地表出现隧道，标志着蝼蛄已出窝，这时是结合播种拌药和施毒饵的关键时刻。

（3）为害特点。蝼蛄成虫、若虫都在土中咬食刚播下的种子和幼芽，或把幼苗的根茎部咬断，被咬处成乱麻状，造成幼苗凋枯死亡。由于蝼蛄活动力强，将表土层窜成许多隧道，使幼苗根部和土壤分离，失水干枯而死，造成缺苗断垄。

（4）防治方法。

1）药剂拌种。用瓜类种衣剂如适乐时等

拌种，每袋10毫升可拌种10千克。

2）毒饵诱杀。药量为饵料的0.5%～1%，先将饵料（麦麸、豆饼、秕谷、棉籽饼或玉米碎粒等）5千克炒香，用90%敌百虫30倍液拌匀，加水拌潮为度。每亩用毒饵2千克左右。

3）灯光诱杀。在温度高、无风、闷热的夜晚用黑光灯或电灯诱杀。

4）人工捕杀。结合田间操作，发现有新拱起的隧道时，可人工挖洞捕杀。在产卵盛期结合夏锄，发现产卵洞孔后，再向下深挖5～10厘米，即可挖到虫卵，还能捕到成虫。

11.小地老虎

（1）形态特征。地老虎又名土蚕。小地老虎成虫较大，体长16～32毫米，深褐色，具有显著的肾状斑、环形纹、棒状纹和2个黑色剑状纹；后翅灰色无斑纹。卵半球形，乳白色变暗灰色。小地老虎老熟幼虫体长41～50毫米，灰黑色，体表布满大小不等的颗粒。蛹赤褐色，有光泽，如下图45。

（2）生活习性。一般在3月下旬出现越冬代成虫，5月上中旬是第一代幼虫发生和危害盛期；7月中下旬为第二代发生和危害盛期；8月下旬至9月上旬为第三代发生和危害盛期。

图45　小地老虎老熟幼虫

（3）为害特点。3龄前的幼虫，昼夜咬食心叶，将叶片吃成小孔或缺刻状。3龄后的幼虫食量剧增，常咬断幼苗嫩茎、心叶，造成缺苗断垄。

（4）防治方法。

1）实行农业防治，除草灭虫。在春播前，进行深耕细耙，消灭部分虫卵和早春的杂草寄主；清理田园，在苗期或幼虫一二龄时，结合松土清除菜田内外的杂草，用以沤肥或将其烧毁，以大量消灭虫卵和幼虫。

2）诱杀成虫。用糖、醋、酒液诱杀成虫。糖、醋、酒、水的比例为3∶4∶1∶2，其中还可加5%敌百虫药剂。

3）捕杀幼虫。可在早晨扒开新被害植株周围的表土，捕捉幼虫，将其杀死。

4）药剂防治。①用毒土防治：用0.5千克50%辛硫磷或5%喹硫磷，加适量水后喷拌细土50千克，每亩用毒土20～25千克，顺垄洒在幼苗根部附近毒杀害虫。②用毒饵诱杀幼虫：用90%晶体敌百虫0.5千克，加水2.5～5千克，喷拌50千克碾碎炒香的棉籽饼作毒饵，于傍晚撒在植株行间，每隔一定距离撒一小堆，诱杀幼虫。③用农药喷雾防治：即用50%辛硫磷1000倍液，或20%速灭杀丁1500倍液喷雾，消灭地老虎。

12.白粉虱

（1）形态特征。同翅目粉虱科。成虫体长浅黄色至白色，全身覆盖白色腊粉，雌雄均有翅。卵长椭圆形，有卵柄，初产卵淡黄色，孵化前变为黑褐色，多产于叶片背面。幼虫扁平椭圆形，体背有长短不齐的蜡质丝状突起。

（2）生活习性。冬春危害温室内的植物，以后蔓延到露地栽培的植物上。一般每月繁殖一代,成虫寿命12～59天,随温度升高而降低。

(3)为害特点。幼虫和成虫在叶背吸取汁液,使叶片变黄,生长受阻,成虫和幼虫均能分泌大量蜜露,分布于叶面和果实上引起煤污病的发生,影响叶片的光合作用,造成叶片早衰枯死,影响产量和品质。温室白粉虱还可传播病毒病。

(4)防治方法。

1)生物防治。棚室释放人工繁殖的丽蚜小蜂"黑蛹",每隔10天放1次,共放3～4次。

2)黄板诱杀。利用白粉虱的趋黄习性,设置黄板诱杀。黄板用废旧硬纸板、纤维板等,裁成20厘米宽长条,涂上橙黄油漆,再涂一层粘油(10号机油加少许黄油,以容易涂开而又不滴下为度),置于行间与植株等高,每亩放置30～40块,诱杀成虫。

3)化学防治。采用10%扑虱灵乳油1000倍液、2.5%功夫乳油5000倍液、2.5%天王星乳油3000倍液等喷雾。

(六)萝卜主要生理性病害及其防治

1.先期抽薹

一般春萝卜在种子发芽后15天,真叶2～7片,经过5～10℃的低温即进行花芽分化,分化后遇高温长日照时即发生抽薹。防止萝卜先期抽薹的主要措施,首先是选择不易抽薹的品种;其次是适时播种和及时补足氮肥促进营养生长。高山菜区因地势高寒,在春夏季节播种萝卜时易发生先期抽薹。6月底以前播种,除选用耐抽薹品种外还应进行地膜覆盖,提高种子发芽期和幼苗期的夜间温度,以减少先期抽薹。

2.叉根

萝卜叉根(如图46)的原因是土壤理化性状差、土层浅、石砾多,阻碍了主根的正常生长,养分向侧根输送增多导致分叉;施用了未腐熟有机肥,肥料在土壤中发酵产生的热量烧坏了主根的生长点,促成侧根生长;播种过密,间苗不及时,萝卜根部拥挤,使主根弯曲,导致侧根生长旺盛;农事活动中,损伤了主根生长点;生育期水分过多或过少也会导致须根、歧根的发生。预防萝卜叉根的措施:选用适应性强的品种;种植时选择砂质土壤,要求深耕,无砖砾、石块,精细整地,采用充分腐熟的有机肥作基肥。

3."黑皮"和"黑心"

在萝卜生长过程中,部分地区出现萝卜肉质根根皮发黑或黑心现象,严重影响了萝

图46　叉根

图47　黑心病

图48　萝卜糠心

卜的销售，如图47。萝卜肉质根黑皮和黑心产生的原因是缺氧和病害。砂质土壤容易因缺硼而产生生理病害，使萝卜出现黑皮和黑心，萝卜肉质根部分组织由于缺少氧气，影响呼吸作用的进行而产生坏死，出现黑皮和黑心，在土壤板结、坚硬、通气不良，施用新鲜厩肥，土壤中微生物活动强烈，消耗氧气过多，土壤含水量过多、空气含量少等情况下均会发生萝卜的黑心和黑皮。冬冻夏炕，实行合理轮作和科学中耕锄草、多施用有机肥，能增加土壤中的空气含量，提高抗逆能力；萝卜黑腐病也能引起黑心，因根部机械伤致使土壤中的黑腐病病原菌入侵肉质根所致，主要通过选用抗黑腐病品种来减少该现象的发生。

4.糠心

　　萝卜肉质根木质部中心部位发生空洞现象称其为糠心，如图48。起初在木质部薄壁组织的大型细胞中糖分减少甚至消失，由于这些大型细胞离输导组织远，先产生细胞间隙，接着出现气泡，最后变成糠心状。主要原因一是与萝卜熟性有关，一般早熟、生长期短的易糠心，中熟品种次之，晚熟品种不易糠心；二是栽培萝卜期间生长前期水分供应过于充足，进入生长后期肉质根畦盛生长时，天气干旱或土壤供水不足；三是萝卜抽薹时，肉质根里的营养物质进行转化，并向生长点输送。防治方法重点是选用不易糠心的品种，适时播种，不宜过早，加强肥水管理，做到肥水均匀，保持土壤湿度均匀，避免土壤忽干忽湿。

5.其他商品外观问题

　　主要包括裂根、青头、麻皮、黑肩、黑箍、大小不均、烂根、黄心等问题。

　　（1）青头。是由于肉质根地上部分在阳光照射下变绿引起的，它不影响萝卜的内在品质，但影响其商品价值，如图49。主要通过

图49　萝卜青头

选用叶片较多、功能叶塌地的品种或表皮不产生叶绿素的纯白皮萝卜品种,以减少青头现象的发生。

（2）麻皮。由于地下害虫啃食肉质根皮层所致,在播种前有效杀灭地下害虫可减少该现象的发生。

（3）黑肩。由于萝卜破肚时本应脱落的原生韧皮部没有及时脱落,并在其附着部位引起细菌感染,继而形成局部黑斑,并随着肉质根的发育长大形成黑肩。这一现象主要通过选用原生韧皮部在破肚后易自然脱落的品种来避免该现象的发生。

（4）黑箍。由于春白类型萝卜品种多为下胚轴膨大型品种,肉质根表面绝大部分区域都具有根原基。由于水分地表大气层夜间多处于饱和状态,与土壤内的根际环境类似,从而周期性诱发肉质根表皮根原基的发育,但在白天,由于太阳的暴晒,这些土层外的发育了的幼嫩根须细胞又会周期性失水凋亡,如此周而复始的过程使肉质根表皮根原基着生处产生黑色伤痕,由于根原基在肉质根表皮上呈互生的圈线状分布,因而被农民称为黑箍,如图50。该现象不影响肉质根的内在品质,但会使萝卜的商品性明显下降。为避免这一现象的发生,宜尽可能采用上下胚轴同时膨大型品种。

（5）黄心硬心。主要是因缺硼引起,

图50　萝卜黑箍

图51　萝卜烂根

每亩施1千克硼肥,或生育中期叶面喷施0.2%～0.3%硼酸溶液1～2次能避免此类现象的发生。

（6）烂根。由于土壤渍水沤根及根系感染软腐病等土传病害所致,菜区渍水现象较少,主要是通过根部土传病害的防治、选用抗病品种等方法来避免该现象的发生,如图51。

（七）萝卜草害防治

1.农业防除为主

（1）深翻整地。将表土层杂草及种子翻入30厘米以下抑制出草,同时拾除深层翻上来的草根。

（2）适期定植。通常8月份是大多数杂草开始自然萌发,萝卜多在9月份播种定植,选择适当的时期定植,消灭部分已萌发的杂草幼苗。

(3)轮作换茬。一般有条件的地区可实行3~4年一周期的水旱轮作,即使老优势杂草被消灭,又使新优势杂草不易形成。

(4)中耕除草。鉴于中耕能带来新的草害高峰,所以中耕后一方面要及时清除已铲除的杂草,另一方面要随时喷施有关的除草剂,抑制即将萌发的草害。

(5)加强管理。提高耕作管理水平,增强菜苗竞争能力。促壮苗早发,提高萝卜苗对杂草的竞争优势,创造不利于杂草生长的生态环境,形成以苗压草。

2.化学除草为辅

一般种植萝卜的土地肥沃、灌溉便利,杂草生长发育较快。化学除草的优点是能够及时控制杂草,节省大量劳动力,促进萝卜增产。

(1)化学除草应注意以下事项。

1)根据作物种类和防除对象,购买适当的除草剂。依据标签上的说明,弄清药剂名称、剂型、有效成分含量和使用量。

2)严格掌握用药适期。适期施药是指根据田间萝卜生长情况和除草剂的性质及其他客观条件等因素综合考虑施药时间。

3)严格掌握用药量。特别是一些高效除草剂,必须严格控制用药量,防止发生药害。在砂壤土上应当减少除草剂的使用量或不用。

4)合理混用除草剂。将不同作用方式的除草剂混用,可降低用药量,亦可扩大杀谱;将持效期长的除草剂和持效期短的除草剂混合使用,不仅可防除前期萌生的杂草,而且能基本上控制作物全生育期的草害。实行混用的除草剂用量通常为单用剂量的一半

以下。

5)掌握正确的施用方法。避免长期施用残效期长的药剂,使用时将药剂充分混匀,以免局部浓度过高;喷施除草剂的工具在使用后要彻底清洗干净。改喷杀虫剂或杀菌剂前要用清水试喷,确认无药害时再使用。

6)选择适宜环境条件用药。在气温过高过低,大风大雨天应禁止用药。一般选择无风天气,温度在15~25℃范围内,施用效果最好。如百草枯在傍晚或阴天使用更有利于药剂在植物体内传递,再见光后杂草死亡更彻底。对于茎叶处理剂,药滴大小及助剂的影响比较大。一般药滴大、药剂展着性好的药剂效果好。

(2)化学除草方法。

1)栽前2~3天,杂草严重的田块,亩用41%农达水剂150毫升兑水40千克喷雾。

2)萝卜移栽成活后,防除禾本科杂草和阔叶杂叶,于杂草3叶期前用药,可用25%除草醚0.75千克/亩喷雾土表,必须在缓苗后杂草正在萌动时施药,未缓苗就施药,容易产生药害。

3)加大周边杂草的防除力度。清除田埂、路边、沟边、渠边的杂草要在清理田外三沟的同时采取化学与人工除草相结合。化除方法:对游草丛生的地段选用盖草能、烯草酮等高浓度、高剂量处理,亩用量不少于15克,其他杂草可选用10%草甘膦水剂亩用1000~1500毫升或41%农达水剂亩用200~300毫升,兑水喷雾。这样既可净化农田生态环境,又有利农事作业;既可减少田间杂草种源,延缓了田边杂草向田内蔓延的速度。

4)50%大惠利防除禾本科杂草,每亩用120~140克,兑水40~60千克均匀喷雾。

5)25%恶草灵防除禾本科、莎草科杂草及

阔叶杂草，每亩用70～90毫升，兑水50千克均匀喷雾。

6）盖草能是一种灭生性慢性内吸除草剂，防除1年生及多年生禾本科杂草、莎草科杂草和阔叶杂草。使用方法：防除1年生杂草每亩用10%水剂0.5～1千克，防除多年生杂草每亩用10%水剂1～1.5千克。兑水20～30千克，对杂草茎叶定向喷雾。田边除草于杂草4～6叶期，每亩用10%水剂0.5～1千克，加柴油100毫升，兑水20～30千克，对杂草喷雾。

7）草甘膦为灭生性除草剂。防除一二年生杂草，每亩用10%草甘膦水剂650～1000毫升；防除多年生深根杂草，用1500～2500毫升，兑水量为30～50千克，定向喷雾。草甘膦只有被杂草绿色或幼嫩部位吸收后才能发挥作用，因此喷药要均匀周到。施药后4小时遇雨应重喷，在药液中加适量柴油和洗衣粉，可提高药效。

二、红菜薹安全高效生产技术

（一）红菜薹概述

红菜薹又名紫菜薹、芸薹、紫菘等，十字花科芸薹属芸薹种白菜亚种，是我国的特产蔬菜。红菜薹的食用部分是嫩花茎，其花茎色泽鲜艳红润，肉质脆甜爽口，色香味俱佳，在国庆、元旦、春节等喜庆节日前后均有大量红菜薹上市，在市场上供不应求，是长江流域地区人们餐桌上的一道美味佳肴，在我国南北大中城市也十分受欢迎。

在湖北武汉，红菜薹因原产于武昌洪山一带而称"洪山菜薹"，被誉为"金殿御菜"，红菜薹性喜冷凉，在进入霜降季节之后，天气变得寒冷，白天与夜晚的温差较大，此时采摘的红菜薹色泽鲜艳，水分充足，口感脆嫩，食味微甜，品质优良，吸引不少文人墨客咏诗赞叹，如清徐鹄庭《汉口竹枝词》"米酒汤元宵夜好，鳊鱼肥美菜薹香"、清王景彝《琳斋诗稿》"紫干经霜脆，黄花带雪娇"等，民间也有"梅兰竹菊经霜翠，不及菜薹雪后娇"的说法。红菜薹营养丰富，富含多种维生素、矿物质元素、多种氨基酸及纤维素。维生素以维生素C和维生素A含量较高，矿物质元素以钙、磷、

铁、锌含量较高。一般每100克新鲜红菜薹水分含量在90～92克、粗蛋白2.5～3.5克、干物质8～10克，维生素C21～26毫克，维生素E0.48～0.52毫克，还原糖0.9～1.1克，膳食纤维1.5克左右、胡萝卜素960～1100毫克。红菜薹花茎可炒食、凉拌，食之脆嫩、清香可口，风味独特，既是寻常百姓家餐桌上的美味佳肴，也是宴请宾客的高档礼品蔬菜。红菜薹营养丰富，除鲜食外，还具有较大的药用价值，如抑肝火、健脾胃、助消化等保健功能。红菜薹茎、叶之所以呈紫红色，是因为含有大量的原花青素所致，原花青素具有抗氧化、护肝、防心脑血管疾病等功效。另外红菜薹还可提取一种很好的天然食用色素资源，可用于饮料、糖果、糕点等酸性食品。

红菜薹在我国食用和栽培的历史悠久，我国最早的农事历书、公元前3000多年的《夏小正》即有"正月采芸、二月荣芸"的记载，我国最早的古代农学专著之一、南北朝时期贾思勰所著的《齐民要术》就有关于红菜薹栽培的记载〔卷三，种蜀芥、芸薹、芥子篇：

蜀芥、芸薹取叶者，皆七月半种。地欲粪熟。蜀芥一亩，用子一升；芸薹一亩，用子四升。种法与芜菁同。既生，亦不锄之。十月收芜菁讫时，收蜀芥。（中为咸淡二菹，亦任为干菜。）芸薹，足霜乃收。（不足霜即涩。）〕，《齐民要术》大约成书于公元533—534年，距今已1400多年；我国最早的药典专著、唐代苏敬等编修的《新修本草》也有关于红菜薹的记载（卷十八：此人间所啖菜也），该书成于公元657—659年，距今1300多年；明代李时珍所著的《本草纲目》中如此记载："此菜易起薹，须采其薹食，则分枝必多，故云芸薹"，芸薹即红菜薹。据《生物史》（李璠，1979）记载："武昌特产红菜薹，在唐代时已是名菜"，由此可见，红菜薹早在我国古代就已经是普遍栽培和食用的蔬菜。

关于红菜薹的起源，有关武汉洪山菜薹的史料记载最多，因此人们多认为红菜薹最早起源于湖北武汉。红菜薹种质资源主要分布在湖北、湖南、四川，吴朝林、陈文超（1997）等从红菜薹的形态学、生物学和园艺学等方面对红菜薹的起源、分化进行了研究，根据其形态特征、生物学特征等方面的差异，认为红菜薹可能分别从成都、长沙、武昌3个中心逐步选择分化分别形成四川品种群、湖南品种群和湖北品种群，有成都、长沙和武昌3个原产中心。四川品种群主要特征为植株开展度较小，菜薹肉质白色、疏松、有苦味，侧薹发生集中，薹生叶较小但叶数多，代表品种有成都尖叶子、二早子等；湖南品种群主要特征为抗逆性强，植株生长旺盛，开展度较大，叶片绿色带红，无腊粉或有少量腊粉，菜薹肉质浅绿色或白色，无苦味，薹生叶大，占菜薹鲜重的50%左右，阉鸡尾、长沙中红菜等；湖北品种群主要特征为耐寒性强，植株开展度大，叶紫绿色，叶片基部裂刻多，主薹多退化，侧薹发生不集中，采收期长，菜薹肉质致密，浅绿色，味甜品质佳，薹生叶小而少，薹叶在薹鲜重中占比例小，代表品种有大股子、胭脂红、十月红等。红菜薹以武汉为中心的湖北种质资源最为丰富，江西、河南、北京、上海所栽培的红菜薹品种均来源于武昌，由于湖南、四川两省红菜薹的地方品种的植物学性状及对环境适应性均与湖北的地方品种有明显区别，湖南、四川、贵州一带的红菜薹是否均来源于武汉需要进一步研究考证。

虽然红菜薹在1000多年前就已负盛名，但红菜薹的栽培在新中国成立以后才得到发展。20世纪50年代初期，武汉市种植红菜薹的面积不到1000亩，60年约5000多亩，70年代发展到1万多亩，80年代达到近2万亩。到目前为止，武汉市郊及周边地区红菜薹的种植面积达到了20万～30万亩，长江流域红菜薹年播种面积达120万～150万亩，其中湖北年播种面积60万～80万亩，位居第一位。红菜薹是湖北、湖南、四川等长江流域地区的露地越冬蔬菜的骨干品种之一，自商品化种植以来至今，红菜薹已成为长江流域地区农民秋冬季节增加收入的一种高效蔬菜作物。

20世纪70年代以前，红菜薹还较少种植，主要是露地越冬栽培的生产方式，种植模式单一，主要栽培品种有绿叶大股子、红叶大股子、胭脂红、迟不醒等地方品种，这些地方品种品质较好，但生育期长，产量较低，如绿叶大股子、红叶大股子生育期在100天以上，始收期在定植后80天左右，而迟不醒的生育期达230天，供应期从12月到翌年3月，供应期短，但2～3月份上市量多，有效缓解了蔬菜供应的"春淡"。

红菜薹的商品化种植始于20世纪70-80

年代。在70年代中后期，华中农学院园林系张曰藻等（1975）经过6年系统选育培育出两个早熟品系"十月红1号"和"十月红2号"。这两个品系始收期在定植后50天左右，供应期从10月底到翌年3月，供应期延长到5个月，熟性较洪山菜薹早，产量较洪山菜薹高，红菜薹商品化种植面积开始逐年扩大，生产方式开始由单一散户种植向集中连片种植发展，20世纪80-90年代以后这两个品系开始大面积推广种植，目前在武汉市郊、湖北省及周边省份都有种植。

20世纪90年代初期以后，商品红菜薹种植面积迅速扩大，人们开始利用自交不亲和系和雄性不育系选育杂交品种，此时更加早熟、高产、优质的杂交一代种开始广泛应用于生产，栽培品种逐渐多样化，主要品种有华红1号、2号等华红系列品种、鄂红1号、鄂红2号等鄂红系列品种、湘红1号、湘红2号等湘红系列品种等。

由于红菜薹属于喜冷凉气候蔬菜作物，适宜在长江流域秋冬季节生产。长江流域往北气候偏冷，秋季栽培红菜薹积温不够，难以越冬；往南气候偏暖，秋季栽培红菜薹易早抽薹、薹细、薹苦、产量低，因此红菜薹生产具有明显的区域特色，湖北、湖南、四川是红菜薹的主要生产地，安徽、江西、贵州等省也有大量栽培。红菜薹栽培尽管受地域气候限制，但随着市场经济的迅速发展、人民生活水平的迅速提高，国内外市场对特色蔬菜的需求量大幅度增加，如今我国北方、南方大中城市及欧美地区也开始引进栽培，目前红菜薹在北京、浙江、广州、广西、江苏、云南、台湾等地已有少量种植，美国、荷兰、日本、澳大利亚等国家近几年也先后引进试种。

随着众多红菜薹杂交品种的选育和应用，以及人们对红菜薹需求的增加、市场的扩大，

生产中已出现早、中、晚熟品种搭配的格局，种植模式也随之多样化，由以前的露地越冬栽培模式逐渐发展到早秋栽培、保护地栽培、高山夏季栽培等模式。早秋栽培将红菜薹播种期提前至7月中旬，上市期提前至国庆节以前；保护地栽培在严冬季节保证红菜薹正常生长、采收，提高产量和效益；高山夏季栽培则利用高山夏季天然的冷凉环境反季节生产红菜薹，高山红菜薹具有天然反季节、优质无公害的特点，能够满足人们对高品质无公害红菜薹的需求，并延长了市场供应期2～3个月。

同时随着国内市场对特色蔬菜的需求量大幅度增加，全国各地对红菜薹的需求也十分旺盛，为红菜薹产业化发展提供了机遇，专业生产基地逐渐形成。以武汉江夏和湖南湘潭为例，20世纪90年代中期武汉江夏种植面积为1万亩，2003年达到2.5万亩，2008年达到4万亩，成为目前面积最大的商品化种植基地，湖南湘潭2001年种植面积为1万亩，2004年达到1.5万亩，2008年达到3万亩，也呈现出加速发展的趋势。至2008年，仅湖北省武汉、鄂州、孝感、汉川等商品红菜薹规模化种植面积已达20多万亩，逐渐形成了商品红菜薹规模化种植的优势产区，产品销往北京、上海、广州等大中城市及港、澳地区，并出口到日本、美国。另外武汉洪山菜薹以品牌经营为策略，实施订单农业，从2004年原产地30余亩发展到目前10000余亩洪山菜薹专业生产基地，"洪山菜薹"已经成为全国知名品牌。

近几年在红菜薹产业化过程中也逐渐暴露出以下问题：

1.提早上市的红菜薹品质下降

红菜薹在打霜之后收获具有优良的品质，然而在生产上，种植户为追求红菜薹提早

上市的高效益,将播种期不断提前,抢早种植,使红菜薹能够提早上市,但由于提早种植,红菜薹前期生长是在夏季高温干旱季节,导致早上市的红菜薹有苦味、粗纤维含量高、色泽不鲜艳、薹较细等,品质下降明显,难以满足消费者需要。因此生产上迫切需要优质的早熟品种,以提高早上市的红菜薹品质。

2.品种抗病性不强

由于连年种植,现在红菜薹产区软腐病发病较重,黑斑病、根肿病、霜霉病等病害也时有发生,且一旦发生,常常造成大面积绝收,对生产危害极大。在武汉东西湖区红菜薹软腐病、江夏区红菜薹根肿病、湖北汉川红菜薹黑斑病均有毁灭性危害发生的例子,但现在生产上可应用于生产的抗病品种非常有限。

3.贮藏保鲜技术相对滞后

红菜薹是一种鲜食性比较强的蔬菜,不耐贮运,给远距离销售以及出口带来困难。

（二）红菜薹的分类

1.按起源地分类

红菜薹起源于长江流域中部,有湖北、湖南、四川3个原产中心,根据红菜薹品种资源按起源地划分为四川品种群、湖南品种群、湖北品种群3大类。

（1）四川品种群。在四川省分布较广,品种主要产于成都。四川菜红薹主要分布于四川盆地西部,冬季温和,春季少雨,夏季较凉,最热月平均气温仅25～26℃,比长沙、武汉低3～4℃,使当地品种与湖北、湖南品种比较既不耐热,也不耐寒,喜温和气候。四川品种群植株开展度较小,叶全缘,叶片暗绿色,叶柄和薹外皮暗紫色,菜薹肉质白色、疏松、有苦味,侧薹发生集中,薹生叶较小但叶数多（5～8片）。四川品种群品种多,类型丰富。代表品种有早熟品种尖叶子红油菜薹,中晚熟品种二早子、阴花红油菜薹和宜宾摩登红等。

（2）湖南品种群。湖南品种群主要集中在长沙和湘潭两地。两地属中亚热带江南丘陵气候区,冬冷夏热,春季多雨,最冷月平均气温4℃,然而冷空气易聚集,极端最低气温低;7月平均气温高达29℃,且酷暑期长;因此湖南品种群中有耐热、耐湿和耐寒的品种,抗逆性普遍比四川品种强。植株生长旺盛,开展度较大,叶片绿色带红,叶裂片少,叶面光滑,叶柄和薹外皮为红色,无腊粉或有少量腊粉。菜薹肉质浅绿色或白色,无苦味,薹生叶占菜薹鲜重的50%左右,薹生叶大或窄长、质嫩,叶柄短,这是因为湖南人喜将菜薹作素菜炒食,长期选择的结果。代表品种有阉鸡尾、长沙中红菜、长沙迟红菜和湘潭大叶红菜等。

（3）湖北品种群。湖北红菜薹起源于武昌洪山,其他地方品种均由洪山菜薹衍生而来。武汉处于北亚热带、长江中下游区,1月平均气温仅2.9℃,1月平均最低气温为-0.9℃,在红菜薹三大产区中冬季气温最低。湖北品种群品种耐寒性强,植株开展度大,叶紫绿色,叶片基部裂刻多,大部分品种菜薹主薹退化,侧薹发生不集中,采收时间长。菜薹肉质致密,浅绿色,味甜品质佳,薹生叶小而少,薹生叶在薹鲜重中占比例小。代表品种有大股子、胭脂红和70年代选育出的十月红等。

2.按品种熟性分类

目前生产上主要栽培的红菜薹品种熟性一般在50～120天，可分为早熟品种、中熟品种、晚熟品种3大类。

（1）早熟品种。此类品种生育期短，从播种到始收一般需要50～60天，相对耐热，抗病性较强，冬性弱，在长江流域可以作为早秋栽培，一般在8月中下旬播种，9月上中旬定植，国庆节前后开始采收，如鄂红四号、华红1号、华红2号、十月红1号、佳红等品种。

（2）中熟品种。此类品种从播种到采收70～80天，表现较耐寒，菜薹品质好，产量高，冬性强，在长江流域可作为秋冬栽培，一般在8月中旬至9月上旬播种，在9月中下旬定植，在10月中旬到翌年2月采收。这类品种如十月红2号、鄂红5号、紫婷2号等。

（3）晚熟品种。此类品种从播种到采收一般需要90～120天，部分品种甚至更晚采收。此类品种表现耐寒，菜薹品质好，采收期长，冬性强，在长江流域可作为秋冬栽培，一般在8月中旬至9月上旬播种，在9月中下旬定植，在11月中下旬到翌年3月采收，如大股子、胭脂红、高山红等。

3.按特征特性分类

红菜薹现有品种资源在植株色泽、植株腊粉、植株叶型等特征特性存在明显区别，可依据植株色泽、腊粉、叶型等特性将红菜薹品种资源进行如下分类。

（1）植株色泽。红菜薹因植株叶脉、叶柄及菜薹表皮为红色或紫色而称为红菜薹或紫菜薹。根据色泽深浅可以分为4类。

1）紫红色类型：湖北地方品种多为此类型，即菜薹外皮色及薹上叶柄和叶脉为紫红色；植株外叶绿带紫，紫色成分较多，外叶叶面有腊粉则呈暗紫色，无腊粉则变为亮紫色有光泽，代表品种有大股子、胭脂红、十月红、佳红等。

2）红色类型：湖南红菜薹多为红色类型，即菜薹外皮色、薹上叶片的叶柄和主叶脉为红色，侧叶脉为绿色，而植株外叶红色成分较少，故湖南品种俗称红菜，而没有红菜薹之称，代表品种有阉鸡尾、长沙中红菜、湘潭大叶红菜。

3）暗紫红色或紫黑色类型：大部分四川品种属于此类，叶片墨绿色，叶片的叶脉和菜薹外皮暗淡无光泽且多有腊粉，代表品种有早熟品种尖叶子红油菜薹、中晚熟二早子、阴花红油菜薹。

4）紫罗兰色类型：仅四川宜宾摩登红为非常美丽的紫罗兰色，植株外叶紫绿色，紫色色素含量最高，菜薹外皮及薹上叶柄和叶脉包括侧脉均为紫色。

（2）腊粉。依据红菜薹花茎有无着生腊粉可分为有腊粉类型和无腊粉类型。

1）有腊粉类型：此类品种多数比较抗病，产量较高，如湖北的大股子、佳红、紫婷2号，湖南的湘红2号、阉鸡尾、长沙中红菜、湘潭大叶红菜，四川的二早子、宜宾摩登红等。

2）无腊粉类型：此类品种多数商品性好，品质较佳，如湖北的十月红、胭脂红，四川的美红炮等。

（3）植株叶型。依据叶的形态不同可分为圆叶类型和尖叶类型。

1）圆叶类型：植株叶片及薹生叶较大，叶柄长，呈圆形、椭圆形、卵圆形或倒卵圆形，如湖北大股子、胭脂红、十月红等。

2）尖叶类型：植株叶片及薹生叶较小，叶柄短或无叶柄，呈披针形、宽披针形或倒三角形，如成都尖叶子红油菜薹等。

（三）红菜薹的植物学特征特性

1.根

红菜薹根系较浅，分为主根和侧根，育苗移栽定植后，侧根生长迅速，数量多而发达，根系呈圆锥形，侧根一般向四周延伸生长，侧根上又可分出许多小侧根，形成发达的网状根系。由于红菜薹根系较浅，主要分布在30厘米以内的耕层内宜，选择保水和肥力较高的土壤种植。

2.茎

在不同的发育时期红菜薹茎的形态各不相同，分为短缩茎和花茎。在营养生长时期的茎称为短缩茎；红菜薹在莲座末期，生长尖端已发育成为花原基，莲座期结束后，茎迅速进行伸长生长形成花茎，嫩花茎即商品薹，是人们食用的主要部分。花茎横切面近圆形，外表皮红色或紫红色，有腊粉或无腊粉，花茎肉白色或浅绿色。商品薹长一般20～40厘米，薹粗一般0.8～2.5厘米。薹茎上可着生薹叶3～6片，薹叶腋芽可萌发侧薹。

3.叶

有莲座叶和薹生叶之分，叶绿色或紫绿色，是进行光合作用的器官，叶肉厚，叶缘多数波状，叶柄半圆形，基部深裂或有少数裂片，叶脉明显，叶柄长，均为紫红色，薹生叶比莲座叶小，在形态上也与莲座叶有所不同。圆叶品种植株叶片及薹生叶较大，叶柄长，呈圆形、卵圆形或倒卵圆形，如湖北大股子、胭脂红、十月红等。尖叶品种植株叶片及薹生叶较小，叶柄短或无叶柄，呈披针形、宽披针形或倒三角形，如成都尖叶子红油菜薹、湖北佳红等。

4.花

红菜薹为异花授粉植物，虫媒花，经昆虫传粉完成授粉和受精。花为总状花序，花黄色，也有白色花，花萼4片，花冠黄色，花瓣4片，呈十字形，雄蕊6，雌蕊1。

5.果实

红菜薹果实为长角果，从开花结实到成熟一般需30～35天，成熟时果荚开裂，种子易脱落。种子圆形或近圆形，紫红色、紫褐色或深褐色，千粒重1.5～1.9克。

（四）红菜薹的生长发育特性

1.发芽期

播种后从种子萌动到两片子叶展开、第1真叶显现为发芽期。发芽期一般为2～3天，种子发芽和幼苗生长的适温为25～30℃，叶片生长以20～25℃为宜。

2.幼苗期

种子发芽后从第1片真叶显现到5～6

片真叶显现。幼苗期一般为25天左右，幼苗期完成后即幼苗具有5～6片真叶时即可定植。

3.莲座期

幼苗定植后从5～6片真叶显现到主薹开始现蕾。不同的品种莲座期不一样，早熟品种一般为15～25天，中熟品种一般为35～45天，晚熟品种一般为60天以上。

4.抽薹期

从抽生主薹开始，至侧薹不断萌发、抽生

的时期。红菜薹的抽薹期也是产品的采收期，以采收侧薹为主，多数品种从10月上中旬开市采收，至第二年2月中下旬结束。

5.开花结子期

一般情况下，红菜薹生长进入第二年2月中下旬以后，气温回暖、光照延长，红菜薹此时抽薹迅速，开始进入开花结子期，3月上旬进入盛花期，盛花期持续15～20天，4月上旬花期基本结束，整个花期40～50天，4月中旬部分种荚开始成熟，至5月上旬种荚全部成熟。

（五）红菜薹对环境条件的要求

红菜薹属于喜冷凉作物，适于长江流域秋冬栽培，露地能安全越冬。一般说来，10月中旬以前采收的菜薹及2月中旬以后采收的菜薹品质较差，寒露以后采收的红菜薹品质较好，尤其在霜降以后菜薹品质最佳。红菜薹生长对温度、光照、水分、土壤、养分等环境条件的要求如下。

1.温度

红菜薹喜冷凉气候，为半耐寒性蔬菜，适应温和而凉爽的气候，不耐高温和冰冻，栽培的适宜温度为10～25℃，10℃以下生长缓慢，25℃以上生长不良，30℃以上生长基本停止。发芽适宜温度22～28℃，幼苗期20～25℃，莲座期15～20℃，抽薹期10～15℃。红菜薹生长进入霜降季节后较大的昼夜温差有利于养分的积累和输送，菜薹粗壮，品质好。在长江流域地区红菜薹在露地能安全越冬，但在温度低于0℃以下的最寒冷季节如1月份，红

菜薹有冻害表现。

2.光照

红菜薹属长日照蔬菜，在幼苗期和莲座期，要求充足的光照时数和强度，营养生长才能旺盛，尤其是叶片带紫红色的品种光合作用较差，需要更多的光照，否则影响光合作用和根系生长，莲座期和抽薹期晴天多能获得较高产量。

3.水分

红菜薹根系较弱，吸收水分能力较弱，而且叶片数目较多，蒸腾面积较大，叶面角质层薄，消耗水分多，所以红菜薹在幼苗期、莲座期需要较多的水分。早熟品种遭受夏秋干旱时易生长不良，容易发生病毒病，应经常保持土壤潮湿，但应小水勤浇，切忌大水漫灌，避免水分过多，导致根系生长不良，易得软腐病、黑腐病及菌核病。寒冬季节注意控制肥

水,以免生长过旺而遭受冻害。

4.土壤

适宜在土层深厚、保水、排水良好、肥沃松软、通气、有机质含量高的中性或弱酸性壤土或黏壤土生长,土层厚度要求50厘米以上,pH值6.5～7。不同的品种对土壤要求有所不一样,如湖北圆叶品种大股子更适于在土层深厚、肥沃松软的黏壤土生长具有更好的品质和更高的产量,而湖北尖叶品种佳红更适于在排水良好、有机质含量高的壤土生长具有更好的品质和更高的产量。

5.养分

红菜薹较耐肥,为获得丰产,应施有机肥作基肥,并增施钾肥。菜薹形成时吸收氮、磷、钾比例约为1∶0.3∶1。红菜薹幼苗期需氮肥较多,可追施速效氮肥;莲座期、抽薹期需磷、钾较多,每亩需要追施约10千克磷肥和20千克钾肥,在抽薹期还需适当增施硼肥,每亩可增施1千克硼肥,提高菜薹品质。另外红菜薹形成还需要良好光照和充足的矿质营养。

（六）红菜薹优良栽培品种

1.大股子

湖北武汉地方品种,又名"喇叭头",即武汉洪山菜薹,如图52。属于晚熟品种,播后90天左右始收,主薹抽生早,而侧薹发生晚。植株高大、开展,株高70～80厘米,开展度80～90厘米。莲座叶片大、数量多,叶面光滑,有腊粉,叶缘浅波,椭圆形,绿叶大股子叶片绿色,红叶大股子叶色暗绿带紫,叶长30～40厘米,叶宽15～17厘米,叶柄、叶脉为紫红色,柄长15～21厘米,宽2厘米左右。腋芽,每次3～4根,每株可收一级侧薹8～10根,二级侧薹16～20根,平均薹长30～40厘米,横径约2厘米,表皮紫红色,有腊粉,肉白色,薹茎基部粗壮,似喇叭,质脆嫩,纤维少,味浓,品质好。产量较高,单薹重40克左右,单株产薹400～600克,亩产1500～1800千克。大股子适于冷凉气候下栽培,耐寒性强。武汉地区8月中下旬播种,11月中旬开始采收,可采收至翌年3月中旬。

2.胭脂红

湖北武汉地方品种,与大股子同源。植株高大、开展,比大股子的植株略矮小,株高60～70厘米,开展度70～85厘米。莲座叶片大、数量多,叶面光滑,无腊粉,叶缘浅波,椭圆形,叶色深绿带紫红色,叶长28～35厘米,叶宽12～15厘米,叶柄、叶脉为紫红色,柄长15～21厘米,宽2厘米左右。腋芽陆续萌发,每次3～4根,每株可收一级侧薹8～10根,二级侧薹16～20根,品质好。薹

图52　洪山菜薹

茎圆润,平均薹长25～35厘米,薹基部横径约1.8厘米,表皮胭脂红,鲜亮,无腊粉,肉绿白色,质脆嫩,纤维少,味浓,品质好。产量较高,单薹重25～35克,单株产薹450克左右,亩产1500千克。胭脂红适于冷凉气候下栽培,耐寒性强,武汉地区8月中下旬播种,12月中旬开始采收,可采收至翌年3月中旬。

3.鄂红4号

（1）品种来源。湖北省农业科学院经济作物研究所、湖北蔬谷农业科技有限公司利用细胞质雄性不育系育成的杂交红菜薹品种,如图53。

（2）品质。维生素C含量385.1毫克/千克,蛋白质含量2.33%,总糖含量2.29%。

（3）特征特性。从播种到始收55～60天。田间生长势强,株高50～60厘米,外叶椭圆形,基生莲座叶7～9片,阔叶形;薹叶披针形,叶柄较长。薹紫红色,无腊粉,侧薹7根左右,分蘖能力强,菜薹匀称整齐,薹长30～40厘米,薹基部横径1.5～1.8厘米,单薹重30～50克,薹叶小,薹亮红色,色泽鲜艳,无腊粉,商品性极佳,肉绿白色,薹质脆嫩,风味品质好,一般亩产可达2000千克以上。

（4）适宜范围。适于湖北省平原露地秋冬季节种植。

4.鄂红5号

（1）品种来源。湖北省农业科学院经济作物研究所、湖北蔬谷农业科技有限公司利用细胞质雄性不育系育成的杂交红菜薹品种,如图54。

（2）品质。品质经农业部食品质量监督检验测试中心对送样测定,维生素C含量263.6毫克/千克,总糖含量2.15%,蛋白质

图53 鄂红4号

图54 鄂红5号

1.60%,粗纤维0.9%。

（3）特征特性。属早熟杂交红菜薹品种,武汉地区从播种到始收60天左右。植株生长势旺盛,基生莲座叶7～9片,叶片椭圆形。菜薹少腊粉,薹色红,薹叶披针形,单薹重30～50克,薹长25～40厘米。露地秋季种植一般亩产可达2000千克以上。

（4）适宜范围。适于湖北省平原露地秋

图 55　靓红 7 号

图 56　高山红

图 57　靓红 6 号

冬季节种植。

5.靓红6号

（1）品种来源。湖北省农业科学院经济作物研究所、湖北蔬谷农业科技有限公司利用细胞质雄性不育系育成的杂交红菜薹品种，如图57。

（2）特征特性。属早熟杂交红菜薹品种，武汉地区从播种到始收70天左右。植株生长势较强，较耐寒，基生莲座叶7～9片，叶片椭圆形。菜薹无腊粉，薹色亮紫红色，薹叶小，披针形，单薹重30～50克，薹长25～40厘米，品质优良，口感脆甜。露地秋季种植一般亩产可达2000千克以上。

（3）适宜范围。适于湖北省平原露地秋冬季节种植。

6.靓红7号

（1）品种来源。湖北省农业科学院经济作物研究所、湖北蔬谷农业科技有限公司利用细胞质雄性不育系育成的杂交红菜薹品种，如图55。

特征特性：早熟杂交品种，从播种到始收60天左右，耐热，抗病性强，株高45～50厘米，开展度60～65厘米，基生莲座叶7～9片，薹叶尖小，菜薹紫红色，无腊粉，色泽较鲜艳，菜薹脆嫩，单薹重30～40克，薹长25～35厘米，食味微甜，元旦节前采收完毕，一般每亩产1800～2000千克。

（2）适宜范围。适于湖北省平原露地秋冬季节种植。

7.高山红

（1）品种来源。湖北省农业科学院经济作物研究所、湖北蔬谷农业科技有限公司利用单倍体育种技术育成的杂交红菜薹品种,如图56。

(2)品质。品质经农业部食品质量监督检验测试中心对送样测定,维生素C含量300.2毫克/千克,总糖含量2.45%,蛋白质1.47%,粗纤维1.0%。

(3)特征特性。属晚熟杂交红菜薹品种,武汉地区从播种到始收90~95天。基生莲座叶阔叶形,9~10片,主薹正常,侧薹7~9根,分蘖能力较强。薹色紫红,无蜡粉,色泽鲜艳,薹肉浅绿色,薹叶较小,单薹重40~60克,薹长25~40厘米。平原秋冬栽培一般亩产1800~2000千克,高山夏季栽培1200~1400千克左右。

(4)适宜范围。适于湖北省平原及高山地区种植。

8.华红5号

最新育成杂交红菜薹新品种。植株生长势中等,株高55厘米左右,开展度约65厘米。基生莲座叶8~10片,叶色绿,叶柄、叶主脉为紫红色。从播种到始收70天左右,盛采期在90~120天,主薹发生早,侧薹发生整齐,菜薹长30厘米左右,横径1.5~2.0厘米,薹粗上下均匀,单薹重40~50克,薹叶尖圆,薹色亮紫红,色泽鲜艳,无蜡粉。较耐寒、耐热,抗病性强。食味微甜,品质佳。春节前后采收完毕,一般每亩产量1500~1700千克。

9.紫婷1号

早熟。外叶长广卵形,莲座叶少,薹色红,有少量蜡粉,薹叶细长,披针形,薹长35~38厘米,茎粗1.6~1.8厘米。主薹及侧薹抽生早,侧薹6~7根,孙薹7~8根,总薹数35~40根,单薹重45克左右,薹上下粗细均匀,商品外观好,品质佳。每亩可产薹2200~2500千克,较抗热及抗寒,抗霜霉病及软腐病能力强。

10.佳红

该品种早熟、高产、抗逆性强,播种至始收60天左右,前期产量高,薹色紫红有蜡粉或无蜡粉,抽薹匀称,薹叶小而少,商品性佳,食味甜美。适宜长江流域秋冬栽培。

(七)红菜薹品种选择

如何选择品种应根据品种特征特性、栽培适应性和市场要求等方面互相结合来进行。

1.品种特征特性

(1)熟性要求。目前生产上所应用的品种熟性多为50~60天的早熟品种、70~80天的中熟品种、90~120天的晚熟品种,品种丰富,可以根据市场变化情况选择熟性合适的品种来安排茬口。如果要求在国庆节前能大量上市,可选择鄂红1号、鄂红4号、湘红1号等品种,虽然产量和品质一般,但此时市场上红菜薹供应量较少,价格较高,能获得较高早期上市效益。如果要求国庆节至元旦期间上市,可选择十月红1号、十月红2号、鄂红2号、华红1号、华红2号、紫婷2号、湖南湘红2号、五彩红2号、成都二早子等品种,这些品种菜薹产量高,品质也较好,上市价格也较好,综合效益高,但此时市场上红菜薹供应量充足,价格变动较大,风险也较大。如果选择在春节前后上市,可选择武汉大股子、胭脂红等品种,这些品种菜薹品质好,而且由于温度低,菜薹生长缓慢,采收相对较困难,市场供应相对不足,菜薹价格最高,也好卖,但是这些品种从播种到罢园时间长,占地时间长。

(2)产量要求。早熟品种产量一般在1500千克,采收期90天左右。中、晚熟品种产量一般在1500~2000千克,采收期可达120天,盛采期可达60天。部分中熟品种产量可达2000千克以上,如紫婷2号、湘红2号、五彩红2号、鄂红2号等。

(3)品质要求。红菜薹品质包括内在食用品质和外观商品品质,食用品质包括是否具有苦味、薹质是否脆嫩等,外观商品品质包括是否粗细均匀、薹叶是否尖小而少、是否有无腊粉、颜色是否鲜亮等。湖北类型的中晚熟品种一般品质较好,如大股子菜薹味浓、风味佳、薹质脆嫩;佳红略带甜味、菜薹粗细均匀、薹叶少而尖小;鄂红2号无腊粉,颜色鲜红、色泽鲜亮、食味微甜、薹叶少。

(4)抗病性。一般有腊粉的品种抗病性较强。在红菜薹主产区,由于连作,部分产区病害发生越来越重,如黑斑病、软腐病、根肿病等,可考虑选择特早50、大股子等品种。

2.栽培适应性

(1)气候环境。红菜薹最适于在喜冷凉气候条件下生长,长江流域秋湖北、湖南、长沙等地秋冬季节气候冷凉,在最冷的1月份,月平均最低气温在-1℃以上,红菜薹冬季露地生产能安全越冬。而长江流域往北气候偏冷,秋季栽培红菜薹积温不够,难以越冬,生长期延迟,因此在北方栽培应选择耐寒性强的品种,并进行保护地育苗和栽培;往南气候偏暖,秋季栽培红菜薹生育期缩短,易早抽薹,薹细、薹苦、产量低,应选择较耐热的品

种,并进行覆盖遮阴栽培。

(2)土壤条件。不同的品种对土壤的适应性不一样。就湖北类型的品种而言,洪山菜薹更适于在由长江冲积沉积形成的灰潮土栽培,长江碱性冲积沉积物的亚砂土-亚黏土,质地松散、养分充沛,这类灰潮土高氧化钙、富磷,而且富含锰、铁、锌、镉等微量元素,洪山菜薹在这样的灰潮土中栽培具有最佳的产量和品质。湖北地方选育品种佳红更适于在排水良好、疏松透气、富含多种矿物质元素的砂壤土栽培具有较高产量和品质。而湖北地方选育品种十月红等则更适于在有机质含量丰富、疏松肥沃的黏壤土进行栽培具有较高的产量和品质。根据最新的相关研究表明,在黄壤土上栽培的红菜薹相比菜园土产量较低,但具有更好的品质,其可溶性糖、可溶性蛋白质、维生素C的含量较高,其原因可能与土壤的结构、酸碱度以及土壤中所含其他矿质元素的含量有关,如锰元素,能促进淀粉酶的活性,促使淀粉水解为糖类,增加了红菜薹糖的含量。

3.适应市场需求

选择红菜薹品种一定要适合市场的消费习惯。从目前红菜薹生产布局和消费习惯大致可将红菜薹市场分为两大类,一是远距离批发销售,供应主要大中城市。在秋冬季节,红菜薹主要在湖北武汉、湖南长沙、四川成都等地集中生产,运销南北主要大中城市,这类市场就要求红菜薹品种菜薹较粗、产量高、薹叶片较大、薹叶较多,更适于远距离贮运,这类品种多为有腊粉的品种。二是近距离零售,就近供应本地市场。这类市场要求红菜薹品种具有较高的品质,薹叶少、色泽鲜亮、商品性好,这类品种多为无

腊粉品种。从消费季节来看,人们消费主要集中在10月中旬至春节前后,10月份以前和2月份以后消费较少。从地域消费习惯来看,湖北地区更习惯于消费中等粗细、肉绿色、味甜的菜薹,而四川更习惯于消费菜薹肥大、肉白色、味浓的菜薹。

(八)红菜薹栽培技术

1.品种选择

应选择抗病虫性和适应性强的品种。宜选用鄂红4号、鄂红5号、靓红6号、靓红7号、华红5号、佳红6号、紫婷1号、紫婷2号等早中、熟品种以及大股子、胭脂红、高山红等晚熟品种。

杂交种纯度不低于96.0%、净度不低于98.0%、发芽率不低于85%、水分不高于7.0%;常规种纯度不低于95.0%、净度不低于98.0%、发芽率不低于85%、水分不高于7.0%。

2.培育壮苗

(1)苗床准备。宜选择地势较高、水源好、无杂草、土壤有机质含量高的阴凉地块或凉棚、前茬为非十字花科作物的地块做苗床,耕翻深度30厘米,炕地20天,播种前施腐熟有机肥4～5千克／平方米,按1.5米宽度开厢做畦,畦沟深15～25厘米。畦面应耙平、整细。苗床播种面积与大田定植面积之比宜为1：15,如图58。

床土消毒:用50%多菌灵可湿性粉剂与50%福美双可湿性粉剂按1：1比例混合,或25%甲霜灵可湿性粉剂与70%代森锰锌可湿性粉剂按9：1比例混合,按每平方米用药8～10克与4～5千克过筛细土混合,播种时2/3铺于床面,1/3覆盖在种子上。

(2)播种。早熟和中熟品种宜在8月中下旬播种,晚熟品种宜在8月下旬～9月中旬播种。宜采用暗潮播种法,可撒播或条播。撒播先将苗床浇透水,再将种子均匀撒播或条播于畦面,之后覆盖0.5～1厘米厚细碎干土。撒播每1平方米苗床播种量宜为1.2～1.5克,条播每1平方米苗床用种0.5～0.7克。播种后,畦面覆盖宜采用遮阳网等覆盖物。

(3)苗床管理。3～4天即可出苗,幼苗出土后揭开遮阳网。根据天气和苗床情况酌情浇水,浇水宜少量多次,保持床面见湿即可。遇晴热高温天气中午前后采用遮阳

图58 育苗床

网遮阴。及时间苗，剔除拥挤苗和弱苗，并同时拔除田间杂草。苗期追肥1~2次，苗期可浇施20%稀粪水提苗。也可采用穴盘基质育苗，如图59。

3.整地施肥

（1）选地。应选土层深厚、肥力好、排水良好的地块，要求土壤中性或弱酸性，前茬不应为十字花科作物，前作收获后及时翻耕炕地。

（2）整地施肥。定植前15~20天翻耕炕地，耕层25~30厘米，施足底肥，底肥用量有机肥2000~2500千克或饼肥100~200千克，加复合肥40千克。可采用深沟高畦或平畦宽厢的方式进行开厢作畦，高畦厢宽80厘米，沟深30厘米，平畦厢宽160厘米。

4.定植

宜在幼苗具5~6片真叶、苗龄约25天时起

苗定植。选择节间短，茎粗，无病虫害，根系发达的健康壮苗进行定植，以阴天或雨前带土移栽为宜。高畦宽80厘米种2行或平畦宽160厘米种4行，定植株距30~33厘米，亩栽3700~4000株。定植后浇足定根水，缓苗期间遇高温晴热天气需早晚补水促进秧苗成活，如图60。

5.定植后管理

红菜薹根系浅，不耐旱、不耐涝，及时排灌、及时追肥；定植成活后7~10天追肥1次，每亩追施尿素10~15千克，或者稀粪水1000千克，封行前追肥1次，每亩施复合肥15千克。采收期每采收1轮菜薹追肥1次，追施尿素和硫酸钾各3~5千克，需追肥2~3次，如图61。

6.采收

适宜采收标准为菜薹长25~45厘米并带有花蕾，要求花蕾开放花朵少。

图59　穴盘基质育苗

图60　田间定植

图61　田间追肥

宜在晴天的上午和阴天下午采收，避免雨天采收。主薹采收切口节位宜为节间明显伸长的基部节位，侧薹宜为基部第2～3节，即基部留腋芽2～3个，采收切口光滑，略微呈斜面。采后就地整理、装框，转运至冷库预冷，如图62、63）。

（九）红菜薹病虫害综合防治技术

1.农业防治

（1）选用良种。选择适合当地高产、抗病虫、抗逆性强的优良品种，减少农药使用量，是病虫防治经济有效的方法。优良品种有鄂红4号、靓红6号、华红5号、紫婷1号、佳红等早、中熟品种，大股子等晚熟品种。

（2）轮作换茬。单一品种的连年重茬种植是导致软腐病、根肿病等连作病害发生逐年加重的主要原因，应注意与茄果类、瓜类、豆类及大葱、韭菜等非十字花科蔬菜作物实行3年以上轮作。

（3）种子检疫。对新引进的品种进行检疫，防止外来病菌带入蔬菜产区。

（4）苗床土壤高温杀卵灭菌。对于育苗用的苗床，在夏季高温天气采用黑色地膜覆盖，使苗床土壤增温，一般温度达到40℃以上病菌、虫卵死亡。

（5）深耕改土。大量化肥施用使土壤酸化，钙、镁、钾离子流失，以及土壤中的微生物呼吸作用产生碳酸、植物根系分泌有机酸类物质等自然过程导致pH值下降，土壤酸化，滋生真菌，根际病害增加，尤其是根肿病增多。应注意改良土壤生态环境，夏季深耕土壤30厘米以上，破坏病菌、虫卵生存环境；通过施用生石灰、草木灰等，增加交换离子钙、镁、钾含量，提高土壤酸碱度，抑制土壤的酸化倾向，改良作物生长的土壤生态环境。

（6）控制土壤湿度。低洼田块、水稻田块土壤湿度大，排水不畅，容易导致病虫还集中发生。在低洼田块和水稻田块种植红菜薹应注意采用深沟高畦的整厢方式，使排水畅通，避免积水；在高山菜区可采用避雨栽培的方式，控制土壤湿度。

（7）配方施肥。红菜薹对氮、磷、钾的吸收比例约为1∶0.3∶1，对土壤养分含量进行测定，实行配方施肥，增施腐熟的有机肥，配合施用磷钾肥，控制氮肥的施用量。

（8）清洁田园。彻底消除病虫植株残体、切断传播途径清除病残体。

图62　采收整理

图63　冷库预冷

2.生物防治

（1）配制抑菌型土壤，增加土壤中有益菌含量，利用无菌土和含有有益菌的生物制剂如根际生态修复剂、重茬剂等，按一定比例配制，增加蔬菜作物生长的根际有益菌的含量和根际生态环境，抑制根际病菌的生长。

（2）利用农抗120、武夷菌素、多抗灵防治真菌性病害。

（3）利用农用链霉素防治细菌性病害。

（4）利用植物病毒弱毒株系N14防治病毒病；利用83增抗剂防治病毒病。

（5）利用苏云金杆菌乳剂、阿维菌素、病毒杀虫剂等防治菜青虫等害虫。

（6）利用生物天敌治虫，如释放赤眼蜂等天敌防治害虫。

3.物理防治

（1）悬挂杀虫板。同翅目的蚜虫、粉虱、叶蝉等；双翅目的斑潜蝇、种蝇等；蝇翅目的蓟马等多种害虫对黄色或蓝色敏感，具有强烈的趋性。每亩悬挂30~40块规格为30厘米×25厘米的黄板或蓝板，挂在行间或株间，高出植株顶部15~20厘米。黄板可诱杀蚜虫、斑潜蝇等、粉虱等，蓝板可诱杀种蝇和蓟马。

（2）频振式杀虫灯。每15亩悬挂1盏频振式杀虫灯对甜菜夜蛾、斜纹夜蛾有较好的诱杀效果。

4.化学防治

使用化学农药防治病虫害时应结合农业防治、生物防治、物理防治进行。防治时应适时用药、合理用药，控制用药次数，注意安全间隔期。化学农药的使用应符合GB4285、GB/T8321的规定。

（1）认真执行国家有关农药使用的法律法规和规章，依法治理乱施滥用农药现象，推进农药的应用向科学化、法制化轨道发展。

（2）禁止使用高毒、剧毒及高残留或致癌、致畸、致突变的农药，推广高效、低毒、低残留农药。

（3）加强对病虫害的监测预报，根据防治指标，结合病虫发生特点，选择有效药剂和最佳防治时机，对症用药，适时用药。

（4）加强病虫抗药性监测治理，科学合理复配混用，轮换交替用药。对同一种类的病或虫，用对症的几种或几类农药轮换交替使用，可避免或延缓病虫抗药性。将两种或两种以上不同作用机制的农药合理复配混用，可起到扩大防治范围，兼治不同病虫害，降低毒性，增加药效，延缓抗药性产生等效果。如苏云金杆菌与有机磷、阿维菌素、菊酯类农药混用，既降低化学农药用量，又扩大杀虫谱，尤其与击倒力较强的农药混用，既能提高苏云金杆菌前期防效，又延长持效期。

（5）选用合理的施药器械和方法，讲究施药技术。积极推广低容量或超低容量喷雾技术，大力推广烟雾剂及粉尘剂等高效剂型。针对不同蔬菜和不同病虫选用恰当的施药方法和技术，提高施药质量，减轻病虫危害。

（6）严格遵守国家有关农药安全、合理使用的规定，做到科学安全合理用药。按照规定的用药量、用药次数、用药方法和安全间隔期施药。同时做好安全防护工作，保证人畜安全。

三、露地越冬甘蓝栽培技术

湖北省为我国露地越冬蔬菜优势产区,其平原地区的露地越冬甘蓝栽培面积很大,上市时影响全国甘蓝市场价格。但由于农户沿用传统方法种植,产品质量和产量参差不齐,与市场要求有差距。根据生产需求,我们总结了如下栽培技术。

(一)土壤选择

甘蓝以土层深厚、有机质丰富、肥沃的壤土或沙质土最为理想。应选排水良好,保水力小,无淹水之处的土壤为宜。甘蓝忌连栽,也忌酸性土壤,土壤的酸碱度值宜在PH值6～7,土壤酸性太强时,整地时宜施用生石灰每亩40～60千克及大量堆厩肥改良。

(二)品种选择

露地越冬甘蓝栽培品种宜选耐寒、耐抽薹、耐裂球、耐运输的晚熟品种,品种生育期宜在100天以上,有关品种如冬强、寒春四号、M-3、金春和希望(如图64)等。

(三)种苗准备

播种期:8月中旬至9月上旬。苗床要选地势较高、水源好、无杂草、土壤有机质含量高的阴凉地块或凉棚内,在播前深翻土地,然后施入育苗底肥,再耙平整细,苗床规格为长10米,宽1.3米,床沟宽0.5米,沟深0.3米,每个苗床宜施腐熟人粪尿50千克及过磷酸钙10千克做育苗底肥。也可采用营养钵育苗。

种子质量应不低于杂交种二级(纯度

图64 希望甘蓝品种

不低于93.0%、净度不低于98.0%、发芽率不低于70%、水分不高于7.0%）或常规种良种（纯度不低于95.0%、净度不低于98.0%、发芽率不低于85%、水分不高于7.0%）的要求。播种前宜先置于阳光下晾晒1天，剔除杂质后用10%硫酸铜水溶液浸种15分钟，然后用清水冲净晾干。宜采用条播或撒播，播后适当盖细土，用50%多菌灵800倍液浇透床面，然后苗床表面覆盖遮阳网。条播每亩苗床用种300～350克，撒播每亩苗床用种500～600克。宜于幼苗出土后，揭开遮阳网，用重氮磺酸盐类杀菌剂原粉与细干土1:20混合拌匀后覆盖压根。苗床不在凉棚内的，宜采用塑料拱棚避雨，拱棚顶部先覆膜后盖遮阳网，拱棚两边不盖。遮阳网晴天早盖晚揭，雨天不盖。宜分别于第1片真叶、第3片真叶、第4～5片真叶出现时间苗，剔除拥挤苗和病弱苗。病害主要为猝倒病和霜霉病，虫害主要有黄曲条跳甲、小菜蛾、菜青虫。具体防治方法见表3。定植前一周，采用减少浇水量和减少遮阳网的覆盖时间的方式进行干旱锻炼和高温锻炼。

（四）大田定植

整地时，每亩宜施农家肥等有机肥1500千克。地势高燥，排水好的砂壤土可做成平畦,便于浇水;地势低洼,黏湿的地块可做成高畦,防涝降渍,做畦时,可按90～100厘米放线做畦,并着按株行距40厘米×50厘米打定植穴。

定植时间宜为9月中旬至10月上中旬,苗龄35天,6～8片真叶,选择节间短,茎粗,叶片肥厚,无病虫害,根系发达的健康壮苗进行定植。阴天或雨前定植,带土起苗。穴栽,行距50厘米、株距40厘米,栽后浇定根水。

(五)大田管理

宜进行测土配方施肥,无条件进行测土施肥的地方于定植后穴施45%复合肥,每亩60～70千克;缓苗成活后覆土盖肥;结球期初期,每亩施尿素15～20千克,或45%复合肥30～35千克。收获前停止大肥大水供应,防止裂球。

1.排灌

干旱时应及时灌水。灌水以沟灌为宜。雨水较多时,应及时排涝。

2.中耕除草

宜于定植缓苗后选晴天中耕松土除草,莲座期结合除草进行中耕培土,植株封行前进行最后一次中耕。中耕要精细,除草要干净,不伤叶片。

(六)病虫害症状与防治

1.病虫害

病害主要有病毒病、霜霉病、软腐病、菌核病和黑腐病等,虫害主要有黄曲条跳甲、蚜虫、小菜蛾、菜青虫、斜纹夜蛾、甜菜夜蛾等。

2.病虫害防治

防治原则:预防为主,综合防治。提倡使用物理防治、生物防治和农业防治措施,尽量少用农药防治。霜霉病、黑斑病、白斑病、白锈病等病害主要通过轮作、晒垡、冻垡、晒种和温汤浸种消毒等措施防治。小菜蛾、菜青虫、斜纹夜蛾、甜菜夜蛾等虫害可用频振式杀虫灯、黑光灯、高压汞灯、双波灯和昆虫

性诱剂、黄板或白板诱杀,如图65。蚜虫可用铺挂银灰膜驱避,还可用2.5%鱼藤酮乳油400～500倍喷雾防治,安全间隔期30天。菜

图65　菜地挂黄板

青虫可用100亿活芽孢/克苏云杆菌可湿性粉剂800～1000倍液喷雾。蚜虫和菜青虫均可用1%水剂苦参碱600～700倍喷雾防治,安全间隔期20天。

（七）采收

根据市场行情和甘蓝生长状况可适时采收上市。在叶球大小定型,紧实度达到八成时即可采收。

主要病虫害的为害症状和防治方法见表3。

表3　甘蓝主要病虫害的为害症状和防治方法

防治对象	为害症状	农药名称及使用方法
猝倒病	播种过密,湿度过大时发生较多。一般发生在育苗苗床,在未出苗或出苗后都会受到侵染,未出苗表现为子叶茎秆萎蔫,灰霉,根部未发根;出苗后发病的表现为近地面茎基部呈水渍状,像被开水烫过似的,病苗折倒,病叶仍保持绿色,病情扩展较快。湿度大时,苗床常见到一些白色霉状物	播种不可过密,及时间苗;湿度不可过大,加强通风,控制苗床湿度;发现病苗,及时清除 可用64%恶霜锰锌可湿性粉剂500倍液,或72%霜脲锰锌可湿性粉剂600倍液防治
霜霉病	病斑初为淡绿色,逐渐变为黄色,或暗黑色至紫褐色,中央略带黄褐色稍凹陷,因受叶脉限制而呈多角形或不规则形,直径5～10厘米。发病重的,病斑连成片,致叶片干枯	72%霜脲锰锌可湿性粉剂600倍液,或64%恶霜锰锌可湿性粉剂500倍液,或25%瑞毒霉800倍等喷雾。注意重点喷施中、下部叶片和叶背面,以提高药效
黑腐病	主要为害叶片、叶球或球茎。子叶染病呈水浸状。真叶染病,病菌由水孔侵入的引起叶缘发病,呈"V"字形病斑;从伤口侵入的,可在叶部任何部位形成不定型的淡褐色病斑,边缘常具黄色晕圈,病斑向两侧或内部扩展,致周围叶肉变黄或枯死。病菌进入茎部维管束后,逐渐蔓延到球茎部或叶脉及叶柄处,引起植株萎蔫,剖开球茎,可见维管束全部变为黑色或腐烂,但不臭,干燥条件下球茎黑心或呈干腐状	3%中生菌素可湿性粉剂1000倍,或20%叶枯唑可湿性粉剂500倍,或20%噻菌铜(龙克菌)悬浮剂500倍液或53.8%可杀得2000干悬浮剂1000倍液、72%农用硫酸链霉素可溶性粉剂3000倍液防治
菌核病	主要为害茎基部、叶片或叶球。受害部初呈边缘不明显的水浸状淡褐色不规则形斑,后病组织软腐,生白色或灰白色棉絮状菌丝体,并形成黑色鼠粪状菌核。茎基部病斑环茎一周后致全株枯死	50%异菌脲(扑海因)可湿性粉剂1000倍液、50%腐霉利(速克灵)可湿性粉剂1500倍液隔10天左右1次,连续防治2～3次

防治对象	为害症状	农药名称及使用方法
蚜虫	群集于叶背和叶心上刺吸为害，影响植株生长，影响产量和品质，并传播病毒病	10%吡虫啉可湿性粉剂1500倍液、50%抗蚜威可湿性粉剂2000～3000倍液、40%氰戊菊酯乳油6000倍液喷施
小菜蛾	初龄幼虫仅能取食叶肉，留下表皮，在菜叶上形成一个个透明的斑。3～4龄幼虫可将菜叶食成孔洞和缺刻严重时全叶被吃成网状。在苗期常集中心叶为害，影响包心。在留种菜上，为害嫩茎、幼荚和子粒，影响结实	"高阿维菌素"2000倍液防治
菜青虫	幼虫食叶，2龄前只能啃食叶肉，留下一层透明的表皮，3龄后可蚕食整个叶片，轻则虫口累累，重则仅剩叶脉，影响植株生长和包心，造成减产	"高阿维菌素"2000倍液防治
黄曲条跳甲	成虫食叶，以幼苗期为害最严重。刚出土的幼苗，子叶被吃后，叶面针眼孔，严重整株死亡，造成缺苗断垄。幼虫，只为害菜根，蛀食根皮，咬断须根，使叶片萎蔫枯死	90%"敌百虫"800～1000倍液喷雾
斜纹夜蛾	幼虫食叶、花蕾、花及果实，严重时可将全田作物吃光。可蛀入叶球、心叶，并排出粪便，造成污染和腐烂，使之失去商品价值	7.5%氟氯氰菊酯乳油1500倍液或1%甲胺基阿维菌素苯甲酸盐乳油4000倍液防治
甜菜夜蛾	初孵幼虫群集叶背，吐丝结网，在其内取食叶肉，留下表皮成透明小孔。3龄后将叶片吃成孔洞或缺刻，严重时仅余叶脉和叶柄，致使菜苗死亡，甚至毁种	30%毒死蜱·阿维乳油1000倍液或10%高效氯氰菊酯乳油1500倍液防治

四、露地秋冬大白菜栽培技术

（一）品种选择

应选择丰产、抗病、优质、适应性强的品种。适宜的品种如"青杂3号"、"改良青杂3号"（如图66）和"山地王"等。

（二）播种期

秋冬大白菜宜8月中下旬至9月上旬播种。

图66　改良青杂3号

（三）苗床整理

苗床要选地势较高、水源好、无杂草、土壤有机质含量高的阴凉地块或凉棚内。播前深翻，然后施入育苗底肥，再耙平整细，做成床面长10米、宽1.3米，床沟宽0.5米、沟深0.3米规格的苗床。每个苗床的育苗底肥施用量宜为腐熟人粪尿50千克、过磷酸钙10千克。可采用营养钵育苗，育苗前先做营养钵，将筛好的熟细土加少量火粪土，和水拌匀做成营养钵；在阴凉地块或凉棚内修整苗床，苗床宽1.3米；将营养钵整齐摆放在苗床上，播种前用50%多菌灵800倍液浇透苗床。

种子质量应符合杂交种二级（纯度不低于96.0%、净度不低于98.0%、发芽率不低于85%、水分不高于7.0%）或常规种良种（纯度不低于95.0%、净度不低于98.0%、发芽率不低于85%、水分不高于7.0%）的规定。播前用多菌灵或代森锰锌拌种，用药量为种子量的0.4%。条播者每亩苗床用种量宜为300～350克，撒播者每亩苗床用种量宜为500～600克，营养钵育苗者宜每钵播种2粒、每亩用种量为20克。播种后覆盖0.5厘米厚干细土，并用50%多菌灵800倍液浇透床面，然后在苗床表面覆盖遮阳网。

（四）苗期管理

覆土压根。宜在幼苗出土后，揭开遮阳网，用重氮磺酸盐类杀菌剂原粉与细干土1:20混合拌匀后覆盖床面压根。

遮光避雨。苗床不在凉棚内的，宜采用塑料拱棚，拱棚顶部先覆膜后盖遮阳网，拱棚两边不盖。遮阳网晴天早盖晚揭，雨天不盖。

宜分别于第1片真叶、第3片真叶、第4～5片真叶出现时间苗，剔除拥挤苗和病弱苗。苗期宜用清粪水加0.2%尿素浇根基部。

（五）大田定植

应选土层深厚、肥力好、排水良好的地块，要求土壤中性或微碱性，避免与十字花科作物连作。宜耕深30厘米，作深沟高畦，畦宽50～60厘米。宜进行测土配方施肥，无条件进行测土施肥的地方每亩施农家肥3000千克、复合肥100千克。

秋播大白菜定植时期宜为9月下旬，冬播大白菜定植时期宜为10月上中旬，择阴天或雨前定植。日历苗龄宜为35天,生理苗龄宜为6～8片真叶。带土移栽,栽后浇定根水。定植行距宜50厘米,株距宜45～50厘米。

（六）大田管理

1.肥水管理

应做好排灌工作。干旱时,宜采取沟灌;连阴雨时,及时排渍。每亩宜于莲座期穴施复合肥50千克,结球期穴施尿素15～20千克,或45%复合肥30～35千克。收获前停止大肥大水。宜于定植缓苗后,择晴天中耕除草;莲座期结合除草进行中耕培土;植株封行前进行最后一次中耕除草。中耕应深浅适中,除尽杂草,避免伤根。

2.病虫害防治

苗期病害主要有病毒病和霜霉病,虫害主要有黄曲条跳甲、小菜蛾、甜菜夜蛾、斜纹夜蛾。莲座期主要有软腐病、霜霉病和病毒病,虫害主要有蚜虫、小菜蛾、菜青虫、斜纹夜蛾、甜菜夜蛾。结球期病害主要有软腐病（如图67）、霜霉病和病毒病。

防治原则:预防为主,综合防治。提倡使用物理防治、生物防治和农业防治措施,尽量少用农药防治。霜霉病、黑斑病、白斑病、白锈病等病害主要通过轮作、晒垡、冻垡、晒种和温汤浸种消毒等措施防治。小菜蛾、菜青虫、斜纹夜蛾、甜菜夜蛾等虫害可用频振式杀虫灯、黑光灯、高压汞灯、双波灯和昆虫性诱剂、黄板或白板诱杀。蚜虫可用铺挂银灰膜驱避,还可用2.5%乳油鱼藤酮400～500倍喷雾防治,安全间隔期30天。菜青虫可用100亿活芽孢/克苏云杆菌可湿性粉剂800～1000倍液喷雾。蚜虫和菜青虫均可用1%水剂苦参碱600～700倍喷雾防治,安全间隔期20天。

主要病虫害的为害症状和防治方法见表4。

图67　大白菜软腐病

（七）采收

大白菜结球紧实后便可采收,采收标准宜依据不同市场需求而定。

表4　大白菜主要病虫害症状地防治方法

病虫名称	症　状	防治方法
软腐病	有3种类型：外叶呈萎蔫状，莲座期可见菜株于晴天中午萎蔫，但早晚恢复，持续几天后，病株外叶平贴地面，心部或外部叶球外露，叶柄茎或根茎处髓组织溃烂，流出灰褐色黏稠状物，轻碰病株即倒折溃烂；病菌由菜帮基部伤口侵入，形成水浸状浸润区，逐渐扩大后变为淡灰褐色，病组织呈黏滑软腐状；病菌由叶柄或外部叶片边缘，或叶球顶端伤口侵入，引起腐烂。病烂处均产出硫化氢恶臭味，为本病的重要特征	1．减少伤口。防治害虫造成虫食伤口和锄草时造成的伤口，以隔绝病菌侵入传播；定期补充硼砂和氯化钙，避免轴裂及心腐产生伤口 2．药剂防治。农用链霉素1000～1500倍液、新植霉素400倍液、70%敌克松600～1000倍液、氯霉素200～400单位、50%代森铵600～800倍液
病毒病	苗期染病，叶片产生褪绿近圆形斑点，直径2～3毫米，后整个叶片颜色变淡或变为浓淡相间绿色斑驳。成株染病除嫩叶现浓淡不均斑驳外，老叶背面生有黑色坏死斑点，病株结球晚且松散	1．加强蚜虫的防治。10%吡虫啉可湿性粉剂1500倍液、20%定虫脒、50%抗蚜威（2-二甲氨基-5,6-二甲基嘧啶-4-二甲基氨基甲酸酯）可湿性粉剂2000～3000倍液、40%氰戊菊酯乳油6000倍液 2．病毒病药剂防治：病毒立清、20%病毒A可湿性粉剂500倍液、1.5%植病灵乳油1000倍液、20%吗啉胍·乙铜可湿性粉剂500倍液、盐酸吗啉胍
霜霉病	病斑初为淡绿色，逐渐变为黄色，或暗黑色至紫褐色，中央略带黄褐色稍凹陷，因受叶脉限制而呈多角形或不规则形，直径5～10厘米。发病重的，病斑连成片，致叶片干枯	58%"甲霜灵·锰锌"或60%乙膦铝·多菌灵可湿性粉剂喷施，5天喷1次，连续2～3次
蚜　虫	群集于叶背和叶心上刺吸为害，影响植株生长，影响产量和品质，并传播病毒病	10%吡虫啉可湿性粉剂1500倍液、20%定虫脒、50%抗蚜威可湿性粉剂2000-3000倍液、40%氰戊菊酯乳油6000倍液
小菜蛾	初龄幼虫仅能取食叶肉，留下表皮，在菜叶上形成一个个透明的斑。3～4龄幼虫将菜叶食成孔洞和缺刻，严重时全叶被吃成网状。苗期常集中心叶为害，影响包心。留种时，为害嫩茎、幼荚和子粒，影响结实	"高阿维菌素"2000倍液防治
菜青虫	幼虫食叶，2龄前只能啃食叶肉，留下一层透明的表皮，3龄后可蚕食整个叶片，轻则虫口累累，重则仅剩叶脉，影响植株生长和包心，造成减产	"高阿维菌素"2000倍液防治
黄曲条跳甲	成虫食叶，幼苗期为害最重。刚出土的幼苗，子叶被吃整株死亡。在留种地主要为害花蕾和嫩荚。幼虫只为害菜根，蛀食根皮，咬断须根，使叶片萎蔫枯死	90%"敌百虫"800～1000倍液喷雾。
斜纹夜蛾	幼虫食叶、花蕾、花及果实，严重时可将全田作物吃光。可蛀入叶球、心叶，并排出粪便，造成污染和腐烂，使之失去商品价值	7.5%氟氯氰菊酯乳油1500倍液或1%甲胺基阿维菌素苯甲酸盐乳油4000倍液防治
甜菜夜蛾	初孵幼虫群集叶背，吐丝结网，在其内取食叶肉，留下表皮成透明小孔。3龄后将叶片吃成孔洞或缺刻，严重时仅余叶脉和叶柄，致使菜苗死亡，甚至毁种	30%毒死蜱·阿维乳油1000倍液或10%高效氯氰菊酯乳油1500倍液防治

五、藜蒿安全高效栽培技术

藜蒿是人们喜爱的一种野生蔬菜（如图68），以地上嫩茎和地下嫩茎供食，过去一般在2～4月份采收上市。实行藜蒿大棚种植，地上嫩茎的采收上市期可提早到头年的9月下旬，并可一直持续供应到下年的4月中旬，亩产一般在1800～2000千克；地下嫩茎的采收一般在地上嫩茎采收完毕后挖取，其上市期在2月中旬至4月下旬，亩产一般在1200～1500千克，效益好。

（一）选准栽培种

目前我国的藜蒿尚无人工驯化或选育的品种，各地栽培的藜蒿均处于野生状态，只是各地的地方野生藜蒿的特征特性有所不同。昆明的大叶白藜蒿（如图69）和南京的大叶青藜蒿最适合大棚早中熟高产栽培。这两个品种的共同特点是高产、抗病、

图68 商品藜蒿

图69 大白叶藜蒿

香味较浓、茎秆粗壮、商品性状好。不同之处是大叶白藜蒿早熟、叶为柳叶型、嫩茎浅绿色、扦插繁殖的插条上长出的嫩茎因纤维含量少,可直接采收上市;而大叶青藜蒿中熟、叶为柳叶型或羽状分裂、嫩茎绿色或中上部浅紫红色、扦插繁殖的插条上长出的嫩茎因纤维含量多,不宜食用。

（二）整地作畦

选择地势平坦、水源充足、排灌方便、土质疏松、土壤肥沃的沙壤土耕地作藜蒿的栽培地。先将耕地深翻晒垡,每亩施入腐熟猪牛粪3000千克或腐熟菜饼150千克或进口三元复合肥70千克,精耕细耙,平整作畦,畦宽1.5～2米,畦高30厘米,畦长10～20米。

（三）扦插繁殖

藜蒿的繁殖方式有种子繁殖、分株繁殖、茎秆压条繁殖、地下茎繁殖和扦插繁殖5种,以扦插繁殖幼苗萌发最快、苗期最短、植株发棵最快、最节省人工,且简单易行。多年来,黄石一直采用扦插繁殖,6月下旬至8月下旬根据耕地退茬情况陆续扦插,直接采收从扦条上长出嫩茎的大叶白藜蒿一般在8月中下旬扦插。先割取生长健壮的留种藜蒿茎秆,去掉叶片和顶端嫩梢,将茎秆截成20厘米长的小段,即插条;将插条放入50%多菌灵500倍液和25%杀虫双300倍液、生根粉200倍液中浸泡15～20分钟灭菌灭虫、并促进插条生根;浸泡后捞出插条,按上下顺序、下部理整齐、100～300根一捆的大小捆好,置于阴凉潮湿的沙土上催根催芽,约10天左右即可用小挖锄配合,将插条按顺上下方向斜插入土中2/3,地上只露出1/3,插条与地面夹角为35°～40°,每穴插2根,插后踏紧土壤,浇足水。大叶白藜蒿的株行距均为10厘米,每亩约插9.2万根;大叶青藜蒿的株行距均为15厘米,每亩约插4.1万根,如图70。

图70 藜蒿繁殖

（四）田间管理

1.灌水

藜蒿适合在湿润的土壤中生长。在扦插后的1个多月，由于气温高，蒸发量大，要经常灌水保湿；9月份以后则根据土壤墒情适时灌水；采收季节每收割一次要灌一次透水，以促进地上嫩茎快速萌发。但整个生长期不要渍水。

2.除草

藜蒿扦插后13～15天，可用盖草能、精稳杀得等除草剂喷雾除草一次，以后的杂草则要人工及时清除。

3.追肥

藜蒿是需肥量特别大的作物。当插条上的嫩芽生长至3～5厘米长时，结合浇水，每亩施用10千克尿素提苗；10月上旬每亩追施进口三元复合肥50千克；在割除老茎秆后，每亩及时追施进口三元复合肥50～70千克；供食的地上嫩茎生长至10～15厘米长时，每亩用磷酸二氢钾0.5千克或尿素0.5千克进行叶面追肥一次。越冬栽培的采收前15～18天用0.1%的赤霉素喷雾一次，以促进高产。

4.打顶摘心

10月中下旬，藜蒿的大部分植株开始抽薹开花；为有利于地下茎积累养分，一旦有花薹出现要及时摘除，以提高藜蒿产量。

5.割除老茎秆

大叶青藜蒿在11月上旬～12月上旬，根据植株长势、地下茎养分积累情况和市场需要分期平地面割除老茎秆，并及时清除田间枯叶、残叶和杂草，以便藜蒿莼长出地上嫩茎供食。

大叶白藜蒿根据市场的需要，可将插条上长出的嫩茎直接采收一次或两次，再让其植株继续生长，给地下茎积累养分。如市场行情不好，可不采收插条上长出的嫩茎，让地下茎早日积累养分。11月上旬至12月上旬根据植株长势、地下茎养分积累情况和市场需要，分批平地面割除老茎秆，并及时清除田间枯叶、残叶和杂草，以便藜蒿莼长出地上嫩茎供食。

6.盖棚

11月上旬搭建好或配套完善好大棚骨架，11月中旬至12月上旬根据气温下降情况及时用塑料薄膜盖好大棚，用地膜对棚内的藜蒿进行浮面覆盖，当气温低于10℃时，可在大棚内加盖拱棚保温，并注意及时通风换气，将棚内温度控制在30℃以下，以促进藜蒿健康生长。

7.防虫

藜蒿的主要害虫有钻心虫、棉铃虫、斜纹夜蛾、菜青虫、刺蛾、蚜虫、虫瘿、猿叶虫、大肚象等害虫。可将藜蒿的插条放在25%杀虫双的300倍药液中浸泡15～20分钟的方法防治钻心虫。其他害虫可用灭多威、抑太保、卡死克、菊酯类等高效低毒农药防治。

8.防病

藜蒿的主要病害有白粉病、菌核病。防治

白粉病可用多菌灵、粉锈灵或1%的生理盐水喷雾于叶背面,7天喷一次,共进行2～3次。

菌核病则采取轮作、选择无病种株、用速克灵喷雾等措施综合防治。

（五）采收

直接从插条上采收地上嫩茎的大叶白藜蒿于9月下旬至11月在嫩茎生长至15～20厘米长时分批采摘。从藜蒿苋上采收地上嫩茎的藜蒿,则于12月至下年4月中旬当地上嫩茎生长至20～25厘米长时,用刀平地面从基部割取。收获的地上嫩茎除留顶部少许心叶外,其余叶片全部抹除后即可上市。地上嫩茎一般采收2批,如肥水充足可采收3批。

地下嫩茎的采收一般在地上嫩茎采收完毕后,根据市场行情,用钉耙逐步挖取,其采收期一般在2月中旬至4月下旬。

（六）留种

地上嫩茎采收完毕后,根据下茬种植计划,大叶青藜蒿按留种地与生产地1:8的比例留种,大叶白藜蒿按留种地与生产地1:3的比例留种。留种地的藜蒿则任其生长,主要田间管理就是及时搞好排灌。

图书在版编目（CIP）数据

露地越冬蔬菜安全高效生产技术 / 邓晓辉，聂启军主编 .
-- 武汉：湖北科学技术出版社，2016.7
（湖北省园艺产业农技推广实用技术丛书）
ISBN 978-7-5352-8890-5

Ⅰ . ①露… Ⅱ . ①邓… ②聂… Ⅲ . ①越冬性—蔬菜
园艺 Ⅳ . ①S63

中国版本图书馆CIP数据核字(2016)第136833号

责任编辑：唐　洁　　　　　　　　　　　　　　　封面设计：胡　博

出版发行：湖北科学技术出版社　　　　　　　　电话：027 — 87679468
地　　　址：武汉市雄楚大街268号
　　　　　　（湖北出版文化城B座13 — 14层）　　邮编：430070
网　　　址：http://www.hbstp.com.cn

排　　　版：湖北桑田印刷策划有限公司　　　　　邮编：430070
印　　　刷：武汉市金港彩印有限公司　　　　　　邮编：430023

787×1092　　　　1/16　　　　　5印张　　　　　100千字
2016年7月第1版　　　　　　　　　　　　2016年7月第1次印刷

定　　价：17.50元